恒星运动和宇宙结构

[英]A.S.爱丁顿　著

张建文　译

湖北科学技术出版社

图书在版编目（CIP）数据

恒星运动和宇宙结构／（英）A. S.爱丁顿著；张建文译. —— 武汉：湖北科学技术出版社，2016. 11
ISBN 978－7－5352－9021－2

Ⅰ. ①恒… Ⅱ. ①A… ②张… Ⅲ. ①恒星－研究②宇宙－研究 Ⅳ. ①P145. 1②P159

中国版本图书馆 CIP 数据核字（2016）第 211849 号

策　　划：李艺琳		**责任校对**：王　迪	
责任编辑：李大林　张波军		**封面设计**：中和东星　王　梅	

出版发行：湖北科学技术出版社　　　　　**电　　话**：027－87679468
地　　址：武汉市雄楚大街 268 号　　　　**邮　　编**：430070
　　　　　　（湖北出版文化城　B 座 13－14 层）
网　　址：http：//www.HBSTP. com. cn

印　　刷：三河市华晨印务有限公司　　　　**邮　　编**：065200

700×960　1/16　　　　　　　　　　13.5 印张　　120 千字
2016 年 11 月第 1 版　　　　　　　　2021 年 4 月第 2 次印刷
　　　　　　　　　　　　　　　　　　定　　价：39. 80 元

如对本书有意见和建议或本书有印装问题，请致电 010－50976448

内 容 简 介

本书介绍了我们对于恒星和宇宙结构的认识。本书共 12 章，分别是：观测数据、总论、最近的恒星、移动的星群、太阳运动、两个恒星流，双星流的数学理论、光谱型相关现象、恒星的数量、一般性统计研究、银河系、星簇和星云、恒星系统动力学。作者通过数学模型计算和讨论，解释了造父变星的变化周期理论，用科学理论证明宇宙天体中恒星的运动规律和宇宙天体的内部结构，进一步发展了恒星大气理论，并用以分析吸收线的形成和讨论恒星的连续光谱，最后对恒星系统动力学做了研究说明。

前　言

本书目的是介绍对于恒星和宇宙结构的认识现状。过去十年来，天文学的这一分支尤为引人注目，并且也有许多新的发现，我们完全有理由期待在未来几年将会同样硕果累累。在现阶段尝试对我们的知识进行一般性讨论可能有风险，然而，也许在目前这个时期，在研究有积极进展的情况下，对所取得的进展加以讨论显得尤为有用。

有关进展将必然导致对观念重新调整的知识必须谨慎地灌输给每一个读者，但我相信也无须过度谨慎。在构建假设及编织看来最好的、符合我们现今部分知识的解释不存在危害，如果它们帮助我们——即便是暂时的，把握那些零星的事实的关系，并组织我们的知识，这些就并非漫无目的的揣测。

尚未尝试历史性地看待这个问题，我宁愿来描述建立在最新数据基础上，而非先去研究上述的研究结果。我特别遗憾的一个必然结果是：诸多研究人员已经为最近取得的进展做出了贡献，却很少被提及。W. 赫舍尔爵士、科德尔德、西利格、纽科姆和其他人在历史进程中已经居于更为突出的地位，但它超出了我描述知识据之得以前进的步伐的目的，在此，所研究的是现状。在切实可行的范围内，我一直在努力为一般的科学读者写作本书，完全避免数学讨论需要极大的牺牲，所以本书中大部分数学分析分别放在两章（第七章和第十章）中。数学讨论偶尔也会出现在其他章节，希望不会影响本书的可读性。

我要感谢 G.E. 希尔教授允许使用 G.W. 艾奇先生在威尔逊山天文台所获得的两张星云照片，感谢皇家天文学家 F.W. 戴森博士所获得的天空的富兰克林—亚当斯图表其余三张图片，这只是我欠戴森博士的一小部分。本书所涉及的几乎所有主题都时常地在我们之间进行讨论，我绝不尝试区分我欠他的那些思想。还有许多其他的天文学家，我从他们的交谈中自觉或不自觉地得到了本书的素材。

我要感谢格林尼治皇家天文台的 P.J. 梅洛特先生，他热心地帮我重新绘制了三张富兰克林—亚当斯图片。

感谢格林尼治皇家天文台首席助理 S. 查普曼博士热心地阅读了校稿，对他的细致检查和建议深表谢意。

我也深深地向本书的编辑 R.A. 格里高利博士表示谢意，感谢他为本书提出的众多的宝贵建议和在本书付梓过程中的帮助。

A.S.爱丁顿

目　录

第一章　观测数据　　　　　　　　　　　　　　　　　1

第二章　总论　　　　　　　　　　　　　　　　　　24

第三章　最近的恒星　　　　　　　　　　　　　　　32

第四章　移动的星群　　　　　　　　　　　　　　　44

第五章　太阳运动　　　　　　　　　　　　　　　　57

第六章　两个恒星流　　　　　　　　　　　　　　　70

第七章　双星流的数学理论　　　　　　　　　　　101

第八章　光谱型相关现象　　　　　　　　　　　　125

第九章　恒星的数量　　　　　　　　　　　　　　148

第十章　一般性统计研究　　　　　　　　　　　　161

第十一章　银河系、星簇和星云　　　　　　　　　187

第十二章　恒星系统动力学　　　　　　　　　　　198

目　録

🔭 第一章 观测数据

据估计，现役最强大的望远镜能够观测到的恒星数量可达到数百万颗。恒星天文学的一个主要目的，是要弄清在这众多的星体之间所存在的关联，并研究它们构成的庞大体系的性质和关系。这项研究迄今仍处于起步阶段，但当我们考虑到该问题的重要性时，几乎不会预期，我们在恒星宇宙的本质的整体理解上的进步是迅速的。但这个活跃的天文学分支尤其在过去 10 年间，取得了诸多非常确定的研究成果，并且可能形成了恒星在空间中的普遍化分布以及它们运动的普遍性质。虽然我们的知识依然存有缺陷，在一些重要的问题上依然无解，但沿众多方向开展的研究仍然得到了能够很好确定的令人震撼的事实。我们在后面几页的任务是整合这些结果，并对已取得的进展加以评述。

直至近几年来，对太阳系星体的研究形成了最大的天文学研究分支，但该分支与我们在此要讨论的关系不大。从我们的角度来看，全部太阳系只是众多恒星系中的一个，星球系统规模大约比行星系统大 100 万倍，并且恒星之间的距离超过太阳系中运转的较为熟知行星的距离百万倍。进一步说，尽管本书的主题是恒星，但并非所有的恒星天文学分支都在本书中的探讨范围中，本书的侧重点在恒星社会内恒星之间的关系。我们只关注恒星的亮度划分、发展阶段和其他属性，而不关注恒星个体的特点。因此，本书的目的不是对于恒星物理性质的详细研究，无论是变星、新星还是双星系统，无论是它们的化学变化还是温度变化，这些有趣的现象都不是我们研究的目标。

在这里简要列举所有事实或者假设的所有超级结构都必须建基于天文观测数据，对我们研究有用的星球数据有：

（1）在天空中出现的位置。

（2）星等。

（3）光谱类型或颜色。

（4）视差。

（5）固有运动。

（6）径向速度。

此外，也可以在一些极为罕见的情形下用到一个恒星的质量和密度，这是一件重要的事，因为假定一颗星球只能通过它的重力吸引影响另外一颗恒星，而重力吸引依赖于星球的质量。前面数据基本上包含了在研究恒星分布的一般问题中有用的特点。① 在罕见的情形下，能够得到列于上面中 6 个类目下恒星的完整知识，所采用的绝大多数研究过程的间接性要归因于尽可能利用我们确实拥有的部分知识的必要性。

前面所列举的观测将分别依序考虑，在天空中出现的位置无须多言，它始终可以用必要的精度给以描述。

星等——恒星的星等是其视亮度的度量，除非距离已知，我们通常并排在一个位置上计算出相对或绝对亮度。恒星的星等都是基于对数尺度测量的，从表示传统亮度源任意标准的 6 等恒星出发，但现在能够达到足够高的精度。对于一个 5 等恒星，我们将获得为 6 等恒星 2.512 倍的光。② 类

① 或许我们应该补充的是，双星的分离和周期也很可能被证实为有用的数据。

② 有必要提醒读者，日常仍在使用的星等系统——如众多双星观测者所使用的波杜表，甚至和博斯总星表初编（1910 年）的星等，都不符合这类标度。

似地，往下或往上一个星等，均表示增加或减少光的比例均为 1∶2.512。该数据的这种选择方法使得 5 个星等的差异对应于光亮度比为 $\sqrt[5]{100} \approx 2.512$，公式为：

$$\log_{10} \frac{L_1}{L_2} = -0.4 \ (m_1 - m_2)$$

其中，L_1、L_2 表示两颗恒星的光强度，m_1、m_2 表示两颗恒星的星等。

星等分类有两种：光度（或视度）和感光度。我们经常发现，对于两颗恒星，对眼睛而言显得更亮的恒星在照相板中却留下较暗的影像。这两类系统均没有非常严格的定义，原因在于当星球具有不同的颜色时，通过眼睛判断光的品质时存在一定的个人因素。但是，如果使用感光板时，依赖于特定种类的感光板的感光性，或者依赖于显微镜物镜的色差校正可能导致差异。随着星等确定的准确性提高，采用更为精确的视觉和影响标度将会变得必要，不过目前看来不存在由此原因导致的一致性的严肃需求。但在光度与感光度之间的区别非常重要，其间的差异也很巨大。一颗星球的颜色越蓝，它对感光板的相对影响就越大，蓝色恒星和相同视觉亮度的红色恒星可能存在多达两个星等的光度差。

用对数刻度测量亮度具有许多优点，但也容易对所采用的数值的真正意义产生误解，它并不总能意识到对恒星亮度的通常测量是如何粗糙。如果个体星球的星等误差不大于 $0^m.1$，我们通常对结果都很满意，然而，这意味着在光强度上有近 10% 的误差。按照这种解释，那就是个相当差的结果。恒星研究的一个重要部分，是关注在一定星等范围内恒星数量的计数。随着一个星等的每个连续步骤中恒星的数量增加约 3 倍，很明显，所有这些研究工作将非常重要地取决于所采用的星等标度的系统误差消除，2/10 或 3/10 数量级上的偏差将深刻影响测量结果。在标准的星球序列下，准确的星等系统的建立是一件极为困难的事情，即便至今依然不能确定已经实现了这一点。在关注范围内的星球覆盖了 20 多个星等，相应于光比大约为 100000000∶1，在不带来严重累积误差的情况下细分这一范围，对任何一种物理测量都将是难度很大的任务。

哈佛天文台涵盖了天空的两个半球的广泛的研究，它是现代标准星等的主要依据。位于北极点附近的哈佛标准星等序列已由便捷的步骤扩大到星等 21，该值是威尔逊山天文台的 100 英寸[①]胡克反射望远镜所能达到的极限。如今提供了一个合适的标度，据此能够实现微分测量。感光度的哈佛序列的绝对标度已经分别由 F. H. 西尔斯在威尔逊山、S. 查普曼和 P. J. 梅洛特在格林尼治独立测试，两种结果都表明，从第十到第十五星等该标度合理正确。但据西尔斯看来，第二和第九星等之间需要修正，$1^m.00$ 在哈佛标度中绝对值相当于 $1^m.07$。如果这个结果是正确的，在统计学讨论中加入这一误差就相当必要。

就统计而言，现今在哈佛、波茨坦、哥廷根、格林尼治和耶基斯天文台都获得了大量的恒星星等的测定，修订后的哈佛测光法给出了低至约 $6^m.5$ 所有恒星的视星等。同为视星等的波茨坦星等给出了我们的天空更有限的一部分，它低至 $7^m.5$。哥廷根测定是一种绝对测定方法，独立于哈佛序列，但与之吻合相当好，提供了星等亮度高于 $7^m.5$ 的广大天空区域的感光度结果。耶基斯研究给出了北极点 17°范围内的星等低至 $7^m.5$ 的恒星的视星等和感光度结果。在哈佛序列的基础上，格林尼治进行了一系列的研究，提供了扩大到 17 星等的更暗淡的恒星的统计结果，对恒星系统的遥远部分的研究是一个特别有价值的来源。

到目前为止，我们一直在考虑恒星的视亮度，而非其本征亮度。后者的量值可以在知道与该恒星的距离下计算得到。我们将测量太阳的绝对光度作为亮度单位。已经测得太阳亮度的恒星星等值，可以表示为 $-26^m.1$，

---

① 1 英寸≈0.0254 米。

即它的亮度是零星等星亮度的 26.1 倍。[①] 根据这一亮度 L，星等大小为 m，视差为 ϖ'' 时，有以下公式：

$$\log_{10}L = 0.2 \mid 0.4 \times m \mid 2\log_{10}\omega$$

恒星的绝对星等与它们的视星等的差异同样巨大，已知最暗淡的恒星是格龙布里奇的伴星 34，这颗恒星星等比太阳暗淡 8 倍。估算的最明亮的恒星的光度通常很不确定，但是，只针对已明确确定的结果，仙王座变光星的亮度平均为太阳亮度的 7 倍或许这个光度会被许多猎户座型恒星超过。因此，本征亮度至少具有 15 个星等，或 1000000：1 的光比。

光谱类型——天文物理学家已使用多种类型的光谱分类系统，但哈佛天文台的德雷珀目录系统在恒星分布研究中应用最为广泛，这主要是由于该系统对明亮的恒星做了完备的分类，该系统由以下字母来表示假想的演化序列：

$$O,\ B,\ A,\ F,\ G,\ K,\ M,\ N$$

一个连续的分级自 O 到 M，并且假设从一类过渡到下一类可被细分成 10 种。由此 $B5A$ 通常缩写为 $B5$，表示 B 和 A 之间的中间类别；$G2$ 表示 G 和 K 之间的类别，但要更为接近于 G。从 $A0$ 到 $A9$ 的恒星通常称为 A 型，但据推测 $B6$ 至 $A5$ 将是最好的分类形式，这个原则偶尔被采用。

对我们而言，通常不必考虑这些字符所代表的恒星的物理特点，原因在于不必讨论运动和分布的关系，我们所需要的就是一种根据恒星演变所达到的阶段和共同特点进行区分的方法。但是，有必要简要地描述控制分类的原则并指明光谱的主要类型。

从其最早期一直到最新进化的各个阶段，跟踪一个假想的恒星，据推测恒星光谱上的变化遵循以下过程：起初，光谱包括微弱的连续背景上的

---

① 最近的研究结果为—26.5（才拉斯基，莫斯科天文台分析，1911），但最好把粗略代表太阳光度的单位作为常规单位并由公式予以定义，而不是每次改变的恒星的光度测量，这样就能得到同样恒星星等的更好确定。

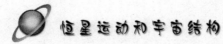

全漫射频带，光谱频带变得越来越少、越来越窄，出现了微弱的吸收谱线，显现的第一类谱线是各种氦光谱系列、众所周知的巴尔摩氢光谱系列及"附加的"或"尖锐的"氢系列光谱①。最后一类谱线是由 E. C. 皮克林于 1896 年在恒星中所认识到、但由 A. 富勒于 1913 年首次人工生成的光谱，明亮的频带到此消失，在其余阶段的频谱完全由吸收谱线和频谱组成，但在异常的个体恒星，会反常地出现亮线。下一个阶段出现了真氢光谱强度的急剧增加，谱线变得非常宽和发散，其他谱线消失。其后，钙的 H 线和 K 线以及其他太阳光谱将变得明显并且强度增大，此后，氢谱线强度下降，尽管它依然是剩余频谱的主要特征。首先达到钙光谱极为剧烈的阶段，随后将观测到众多太阳光谱谱线。在到达太阳光谱阶段之后，主要特征是光谱从紫外端的缩短、氢光谱的进一步衰减、微弱吸收光谱线数量的增加，以及最终出现金属化合物特别是氧化钛的频谱，全谱最终接近太阳黑子频谱。

在这些原则指导下，我们将光谱分为八种主要类型，但在它们之间有一个连续的分级序列。

O 型（沃尔夫—拉叶型）——广谱包括微弱连续背景上的明亮频谱；其中最引人注目的有，中心位于频段 λλ4633、4651、4686、5693 和 5813 的光谱。该型光谱分为 5 种，包括 Oa、Ob、Oc、Od、Oe，通过频带的强度和宽度加以区分。此外，在 Od 和 Oe 暗线，主要属于氦和氢—氦谱系组成它们的频谱。

B 型（猎户座型）——由于这类频谱主要由氦频谱组成，也被称为氦类频谱。此外，还存在一些起源未知的特征谱线以及"尖锐的"和巴尔摩系列频谱，O 型频谱中的明亮频带不再出现。事实上，它们早在 Oe5B 区中就已消失，因此，通常把这类频带作为猎户座型的起点。

---

① A. 富勒的实际工作和 N. 玻尔的理论研究，都绝少怀疑该光谱是由于氦的缘故，尽管存在它与氢光谱的简单数值关系。

A 型（天狼星型）——巴尔摩氢系列频谱处于极大强度，为该型光谱最为显著的特征，其他频谱都存在，但它们相对比较微弱。

　　F 类（钙型）——氢系列光谱依然非常显著，但不像 A 型那么强烈，钙的狭窄 H 和 K 线已经变得非常突出，成为这一频谱的特征。

　　G 型（太阳型）——太阳可视为这一类的典型恒星，光谱中出现了大量的金属频谱。

　　K 型——频谱有些类似于 G 类，它主要区别在于氢谱线，在 G 型中仍然相当强的氢谱线在 K 型中比某些金属线更暗淡。

　　M 型——该型光谱的标记为由于氧化钛而呈现凹槽状，值得注意的是，该型光谱将完全以这种物质为主。已认识到两个连续的阶段，可细分为 Ma 和 Mb，除了显示普通的 M 型光谱外还显示出明亮氢谱线的长周期变星可入 Md 级。

　　N 型——常规的光谱类型终止于 Mb 级，没有向 N 型的转变，且 N 型与上述类型的关系并不确定，该型的特征归因于碳的化合物的特征凹槽谱线，M 型和 N 型恒星均具有强烈的红色调。

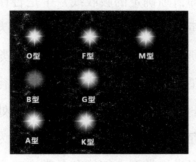

图 1.1　恒星光谱类型

　　有时，使用 A. 塞齐（A. Secchi）不太详细的分类会比较方便。严格说来，他的系统与可见光谱相关，德雷珀符号与感光度有关，但二者可以很好地协调。

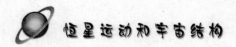

A. 塞齐类型	Ⅰ	包含	德雷珀类型	B 和 A
	Ⅱ			F、G 和 K
	Ⅲ			M
	Ⅳ			N

由于属于最后两类中的恒星相对很少，这种分类实际上是分成大小基本相同的两组，当材料缺乏而无法进行广泛的讨论时，这是一个非常有用的分类。

很多时候，有迹象表明，德雷珀分类并未成功地将恒星分成两个真正均匀的组。根据诺曼·洛克爵士的理论，每种恒星类型内都有温度上升和下降的恒星，例如，在 K 型内为两类恒星的混合，一类处于非常早的发展阶段，另一类恒星处于发展后期。在 B 型的情形下，B. H. 鲁登道夫 1 已经发现，按照洛克分类中分别作为温度上升和温度下降的恒星，所测得的径向运动存在可观的系统性差异（需要指出，这并非运动上的而是物理状态上的真正差异，导致在光谱测量上出现了错误）。E·赫兹普龙 2 指出，在莫里小姐的分类（即清晰确定的吸收线）中是否存在 C 型特征对应于恒星的本征光度的一个重要区别。然而迄今为止，广为接受的还是德雷珀分类，它至少为我们的研究提供了可用的最完整的分类。

比色指数——恒星可根据颜色来代替光谱型进行分类，这两种方法均根据恒星所发射的光的性质来分类，因此有共同之处。也许我们不要太过期盼这两个分类之间存在非常密切的对应关系，因为，虽然颜色主要依赖于光谱的连续背景，但光谱类型由细纹和条带来确定，而它们对颜色几乎没有直接的影响。尽管如此，在这两种特性之间发现了密切的关联，毫无疑问，这是由于两者密切地与恒星的有效温度有关这一事实。

最便捷的颜色测量能通过感光度扣除视星等之差得到，此即所谓的比色指数，光谱类型和比色指数之间的关系如表 1—1 所示。

表 1—1　光谱类型和比色指数之间的关系

光谱类型	参考比色指数	
	金 m	施瓦茨希尔德 m
Bo	−0.31	−0.64
Ao	0.00	−0.32
Fo	+0.32	0.00
Go	+0.71	+0.32
To	+1.17	+0.95
M	+1.68	+1.80

　　金的结果表示哈佛系统的视觉和感光度标度，史瓦西[4] 的结果表示，哥廷根的感光度和波茨坦的视觉所确定的标度。允许存在一定的差异，取决于感光度星等和视星等吻合的特定类型的光谱，二人的研究彼此完全符合。

　　上述结果得自于相当多的恒星的观测结果，但该表可相当精确地应用于恒星个体，因此，当比色指数已知时，可以确定光谱类型，反之亦然。至少对于前几种类型的恒星，光谱类型与比色指数对应之间的平均偏差不超过 $0^m.1$，对于 G 型和 K 型会出现较大的偏差，但其相关性依然非常密切。

　　另有一种分类方法，是根据测得的恒星所发射的光的"有效波长"特性进行分类。如果将由多个平行条带或金属丝等间隔布置的粗格栅置于望远镜的物镜前方，衍射图像将出现在主图像的任意一侧。这些衍射图像是严格的光谱，并且图像中心点的选择，将取决于光谱的强度分布。因此，每颗恒星都会有确定的有效波长，这将作为它的比色指数，或者说是其颜色被感光板的解析。对于相同的望远镜和光栅，在最先出现的两个衍射图像之间的间隔是有效波长的常数倍。该方法由 K. 史瓦西于 1895 年首次使用，它的一个重要的应用是由普罗斯佩·亨利用于确定在厄洛斯星上的大气扩散效果，该方法已经被 E. 赫兹普龙应用于恒星分类。

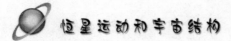

视差——地球绕太阳的周年运动，导致所观测的恒星方向上发生微小变化，使得恒星似乎在天空中略呈椭圆形。这种周期性的位移叠加在恒星的统一的固有运动中，而恒星的固有运动通常要大得多，然而，区分这两种位移并无困难。由于我们只关心两个天体连线的方向，地球运动的影响与地球处于静止的影响相同，恒星在空间刻画的轨道与地球相同，但随着位移反转，恒星的假想轨道将提前于地球轨道 6 个月。这个轨道近于圆形，但由于通常都是以某个角度观测，它在天空中显示为椭圆。在任何情况下，椭圆的长轴等于地球轨道的直径，并且，由于后者的长度是已知的，其视星等或角量值的确定提供了计算恒星距离的方法。视差定义为恒星距离上一个天文单位（地球的轨道半径）长度所对应的角，相当于该星显示的椭圆的主半轴。

对这个小椭圆的测量，总是由相对于周围的一些恒星来进行，原因是没有希望以必要的精度获得绝对的方向确定，由此得到的相对视差需要通过参比恒星的平均视差量予以修正，以获得绝对视差。这种修正只能从星等和固有运动均与参比恒星相似的恒星的距离的一般性知识推测。但是，因为它基本很少超过 0.01″，并不会将太大的不确定性引入最终结果。

视差是我们想要测定的数据中最难确定的，而仅仅比较确定地测得了有极少数恒星的视差。直到在测量手段上取得巨大的进步，除了最近的数百颗恒星外，所有其他恒星的视差都不能用这个方法测得。但如此艰辛的观测是必须的，即使这会占用研究者很长时间。通常，所公布的视差表包含许多非常不确定的方面，有些则是完全虚假的。基于这些结果的统计研究易被极大地误导，然而，可以确信，通过毫无保留地拒绝除具有最高精确度的数据之外的所有测定，可以得到一些重要的信息，我将在第三章对这些结果进行讨论。此外，还可以采用多种本身并非高精度的测定，以得到不同序列星等和固有运动的恒星的平均视差，前提条件是明显不存在系统误差，至少，它们可以用于检查不那么直接的方法所得到的结果。

测量通常由摄影或者太阳仪观测进行。前者方法现今看来，由于可用仪器的焦距较大，从而得到更好的效果。同时，摄影方法还可以利用大量的对照恒星，由此使得对不精确性的视差只需要较小的修正，不过，有些早期太阳仪的测定结果仍未被超越。子午线也可用于这种测量工作，该方法最近的结果已表现出相当大的改进，但在第三章我们仍然认为，对于子午线视差要持怀疑态度，并认为最好不要使用它们。

一种用于测量恒星距离的方便单位是秒差距，或者说对应于一秒弧的视差的距离。一秒差距相当于 20.6×10^4 个天文单位，或约 19×10^{12} 千米。最近的固定的恒星中，半人马座距离在 1.3 秒差距，在 5 个秒差距的距离内或许有三四十颗星。当然，随着距离的立方增加，只要恒星分布均匀，在更远距离的恒星数量将会增加，但这些最近的恒星，在任何情况下都不是我们看到最亮的。本征亮度范围如此之大，以至视星等包含很少的距离线索。半径为 30 秒差距的球体可能会包含 6000 颗恒星，但对普通目视可见的 6000 颗恒星散布在更大的范围内，一些裸眼可见的恒星确实位于恒星系统的最遥远的部分。

如果视差的误差能降到 0.01″，那么该视差可视为比较精确的结果。例如，如果测量的视差为 0.05″±0.01″，那么真值介于 0.06″ 和 0.04″ 的机会均等。我们可能不应相信任何更接近极限值如 0.07″ 或者 0.03″，这相当说，恒星与我们的距离处于 14 秒和 33 秒差距之间。我们将会看到，当视差低至 0.05″，即使是最好的措施，也只得到恒星距离的极为粗糙的测定，而对于更小的视差，信息变得更加模糊。显然，有价值的视差必须至少为 0.05″，因此，这可以估计有不超过 2000 颗恒星如此接近，并且它们的很大一部分会比 10 级暗淡。在随机拍摄的 5 大国际天空星图和摄影目录中，可能只有一次运气获得有用的视差，即便如此，它也很可能是一个非常不显眼的恒星，这将逃脱任何最不彻底的搜索。如此压倒性的负面结果前景表明，在现阶段无论如何，最为有效的，是针对特殊天体开展工作。对该天体而言，一个特别巨大的本征运动能够提供对于可见的视差的事先预估，预计视差 0.05″ 的恒星每百年或更长时间内可能会有 20″ 本征运动，这似乎是一项工作的合理限制。

一般而言，我们知识的最有价值的扩展，得自对处于上述范围内足够多的恒星距离的精确测量，但许多研究者也试图确定不同大小或运动的恒星的平均视差。当单个距离太不确定时，巨大数量的平均依然有其价值，尽管通过这种研究能够或者已经得到了一些有用的结果，但它的可能性似乎极其有限。一般而言，此类测定要比单个视差更为精细。这种细化很罕见，但又并非难以企及。例如，第六等恒星的平均视差为 0.014″（可能是一个相当高的估计值），对比星的平均视差约为它的一半，从而实际测量的相对视差将为 0.007″。依赖于星等和色度的可能的系统误差（第六星等的平均度或许与第九等星不同），使判定这种区别的困难远高于测量单个恒星的视差，这意味着测量数据依然达到了几乎另外一个小数位。我们不必纠缠于花大力气来观察所需的 50 或是 100 颗六等星而获得合理精度的数据，或许确实认为这种观测是值得的，但也没有证据表明，即便最好的观测数据的系统误差能够达到低至 0.001″——确实，如此低的误差似乎是不可想象的。

根据这些考虑，看来视差确定应该指向：

（1）一个世纪固有运动超过 20″ 的恒星，这将产生很多负的结果，但取得了相当大的成功。

（2）固有运动少于 20″ 但仍在平均水平以上的一类恒星，这些恒星视差不得不单独去找，但在大多数情况下只有一类恒星的平均结果才有用。

（3）扩展到没有大规模固有运动的恒星类别，需要一个更高的标准，即确保系统误差大于 0.001″。

固有运动——对于恒星研究而言，固有运动即恒星的视角运动构成最有价值的材料。为了扩展我们对于星等、视差、径向速度和光谱分类的知识，我们最终将依靠改进设备和观测方法，但只有时间的流逝使得固有运动成为已知，其精度越来越高，而对我们知识的唯一限制是所倾注的劳动，以及我们乐于等待多少个世纪。

恒星的固有运动差异巨大，但通常，任何合理亮度（例如，亮度高于 $7^m.0$）恒星的固有运动足够大，从而可以在累计观测时间内探测到。虽然恒星具有可度量的视差极为例外，但固有运动不可感知也是个例外。对固有运动赋予通常意义上的确定性和可信度概念可能是有用的，但这些数字不一定只是近似。当可能的误差在两个坐标系中约为 1′每世纪时，固有运动的确定可被认为相当令人满意。格里布鲁奇和卡林顿目录主要用于统计调查，其准确性也大致在这个数量级上。概率误差约为 0.6″每世纪的更高的标准，已经收入博思"6188 颗恒星总星表初编"，它是目前有关恒星固有运动可用的最佳来源。对于一些在 19 世纪大量观测到的恒星，偶然误差可能低至 0.2″每世纪甚至更低，但不可避免的系统误差可能使真实误差变大。系统误差的各种来源，特别是进动常数和昼夜平分点的运动的不确定性，可能会导致该运动在天空中的任何区域的误差高达 0.5″每世纪；最好的固有运动的系统误差不大可能大于该误差——在南部赤纬的一处或两处是个例外，该处存在特别的不确定性。

因此，我们可以认为在恒星固有运动统计研究中，已知在赤经和赤纬的可能误差不超过 1″每世纪。粗略地说，平均运动在 3″～7″每世纪。超过 20″每世纪的固有运动被认为是巨大的，尽管也有一些恒星运动大大超过这个速度。所有恒星中运动最快的是 $C. Z. 5h243-A$——由 J. C. 卡普坦（Kapteyn）和英尼斯（R. T. A. Innes）在海角照相巡天星表中所发现的第九等恒星，其运动速度为 870″每个世纪，这一速度所扫过的一个距离等于猎户座恒星运行 1000 年以上弧长的距离。表 1－2 示出目前已知的固有运动超过 300″每世纪的恒星，这个名单上的暗星的数量非常惊人，并且，因为我们的信息实际上停止在第九等星，可以推测，还存在有待探测的巨大

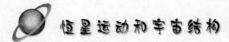

数量的更微弱的恒星。

表 1—2　具有大的固有运动的恒星

名称	R. A. 1900 (h)	(m)	Dec 1900 (°)	每年固有 运动 (″)	大小
C. Z. 5h 243	5	8	−45.0	8.70	8.3
格鲁姆布里奇拱极星表 1830	11	47	+38.4	7.07	6.5
拉瑞星表 9352	22	59	−36.4	7.02	7.4
科多瓦星表 32416	0	0	−37.8	6.07	8.5
天鹅座 61星	21	2	+38.3	5.25	5.6
拉隆德星表 21185	10	58	+36.6	4.77	7.6
因迪	21	56	−57.2	4.67	4.7
拉隆德星表 21258	11	0	+44.0	4.46	8.9
波江座 o2	4	11	−7.8	4.08	4.5
O. A. (s.) 14318	15	5	−16.0	3.76	9.6
O. A. (s.) 14320	15	5	−15.9	3.76	9.2
仙后座 μ 星	1	2	+54.4	3.75	5.3
半人马座 α1	14	33	−60.4	3.66	0.3
拉瑞星 8760	21	11	−39.2	3.53	7.3
e Eridani	3	16	−43.4	3.15	4.3
O. A. (N.) 11677	11	15	+66.4	3.03	9.2

对暗于第九等星的恒星的固有运动相对而言所知甚少。由 F. W. 戴森所讨论的卡林顿固有运动使我们在北极点 9°区域内能了解低到 10^m3 的恒星固有运动。H. 特纳和 F. A. 巴勒密[6] 发表了牛津地区的天空之图，显示了牛津地区微弱恒星巨大的固有运动。此外，通过降低精密制测量，已获得大量恒星的固有运动，甚至拓展到第十三等恒星。可以预料，在确保暗弱的恒星数据时并无什么困难，但最近已经做了一部分工作，主要是要有足够的时间。

径向速度——沿着视线的速度由光谱方法测得。根据开普勒原理，当恒星远离或者接近地球时，它们的光谱线将移向红或紫（相对于地面的比较光谱）。与固有运动不同，径向运动直接表示为每秒千米数，从而使实际的线速度已知，而不会与距离这一可疑因素混合。迄今依然几乎不可能测量比第五等星更暗的恒星的速度，但如今这个限制已被除去。考虑到使用效果，主要的困难在于为数众多的光谱双星，占到所观测的恒星的 1/3 或 1/4。由于轨道运动往往比真正的径向速度大得多，在假定该测量获得我们所寻求的真实的长期运动之前，有必要给予足够的时间流逝来探测运动的任何变化。系统误差所带来的另一个不确定性影响着所有属于一个特定光谱类型的恒星，有理由相信，系统测得的 B 类星的远离速度为 5 千米/秒，实在太大了。这可能是由于所采用的标准波长误差的原因，或是由于普遍存在于这类恒星的物理条件下的光谱线的压力位移引发的，更小的误差会影响其他类型的恒星。

除了可能的系统误差，这些观测已经达到了相当的精度。对具有尖锐谱线的恒星，0.25 千米每秒以内的概率误差是可以接受的。B 类星和 A 类星具有更多的漫射线，所得结果不太好，但即使在这些情形下，精度也远远超出了统计学家的要求。所观察到的速度范围可达 100 千米/秒以上，但速度大于 60 千米/秒也并不很常见。所测得的最大速度是拉朗德 1966 星，速度达 325 千米每秒。第二高的恒星是上面已经提到在天空中具有最大视运动的 C. Z. $5^h 243$，观测到它的远离速度为 242 千米/秒，或如果我们还考虑到了太阳自身的运动为 225 千米/秒，由于这些数值是运动的一个分量，恒星的合速度有时要大得多 8。

已经发表了大约 1400 颗恒星的径向运动，利克（Lick）天文台所获得的观测数据最多，大多数数据仅仅到 1913 年才为研究者所用，并且几乎还没有时间充分利用新的数据。

有几个恒星系统可以观察到视觉和光谱双星，在这种情形下，可以由完全独立于一般的视差的测定方法推算出恒星的距离。根据视觉观察，能够发现轨道周期与轨道的其他元素。不过量纲都表示为弧，即线性测量结果除以未知的恒星距离。从这些要素中就可以计算出任何日期，在这两个分量的视线上的相对速度，但这也可表示为线速度除以未知距离。通过比

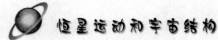

较该结果与光谱图中所测得的相同的相对速度，由此可以直接得出系统的线性距离。这种方法的应用非常有限，但对于半人马座情形，它给出了对于普通方法所确定的视差一个非常有价值的确认，它增加了我们对于普通方法测量恒星距离有效的信心。

质量和密度——恒星质量和密度的知识完全由双星系统得到，信息来源有三种：

（1）可见的双星。

（2）通常的光谱双星。

（3）蚀变量。

双星系统中两颗恒星的组合质量可以通过轨道的主半轴的长度 a 和周期 P 得出通过以下公式得到：

$$m_1 + m_2 = \frac{a^3}{p^2}$$

这里通常用太阳的质量作为计量单位，以天文单位和年作为长度单位和时间单位。

在一个便于观测的视轨道上（除了表示倾斜的符号依然模糊外），所有的要素都已知，但主轴以弧长表示。如果视差已被确定，这可转化为线性度量，因此可以得到 $m_1 + m_2$。进一步，在相对轨道之外还得到了该双星的一个粗略的绝对轨道，通过子午线观测或以其他方式确定 m_1、m_2 之比，从而可分别推导出 m_1 和 m_2 的值。由于确定视差的困难，对这类情形的一个完整的解决方案极为罕见，然而，它们足以说明一个事实，即恒星的质量范围并不总是正比于它们的巨大光度范围。

＊另外公布的轨道，$P=508ya=122''$ 给出的质量为 0.9。轨道的巨大的不确定性似乎对结果影响不大。

表 1－3 质量已确定的恒星

恒星	组合系统				亮度项	
	质量 （太阳质量 单位质量）	周期 年	α (″)	视差 (″)	光度 （太阳光度 单位光度）	频谱 类型
武仙座 ζ 星	1.8	34.5	1.35	0.14	5.0	G
南河三	1.3	39.9	4.05	0.32	9.7	$F5$
天狼星	3.4	48.8	7.59	0.38	48.0	A
半人马座 α 星	1.9	81.2	17.71	0.76	2.0	G
蛇夫座 70	2.5	88.4	4.55	0.17	1.1	K
波江座 $o2$ 星	0.7	180.0	4.79	0.17	0.84	G
仙后座 η 星	1.0	328.0	9.48	0.20	1.4	$F58$

表 1－3 包含了所有的系统，其中，质量可以合理地精度确定，即，建立在已经确定了系统的良好的轨道[9] 和良好的视差[10]基础上。很有可能，一些比较可疑的轨道对此目的会更好，但我怀疑，在不降低标准的情况下该表是否能够大大拓展。

另一个事实显现出来，即双星系统的两个组星质量的比例通常约略相当，与在亮度上的相当大的差异不同。因此，刘易斯·博斯（*Lewis Boss*）[11]在 10 个系统中发现了微弱的恒星对于明亮恒星的质量之比范围从 0.33 到 1.1 不等（剔除一个极为可疑的结果），平均值是 0.71。该结果由对于双星的光谱观测所证实，表明存在双星的光谱线，虽然在这种情况下亮度的差异不可能如此巨大。

即便视差未知，也可以得出地密度极为重要的信息，为简便计，考虑其中一个组星质量可以忽略。应用到更一般的情形下，只要 m_1/m_2 已知或者可以假定为具有平均值，仅需稍做修改。

令：

  d 为恒星距离

  b 为恒星半径

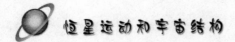

S 为恒星表面亮度

Ll 为恒星的固有光度和表观光度

M 为恒星质量

ρ 为恒星密度

γ 为万有引力常数

得到

$$M = \frac{4\pi 2}{\gamma} \times \frac{a^3}{P^2}$$

$$l = \frac{L}{d^2}$$

$$L = \pi b^2 S$$

以及

$$M = 0.75\pi \rho b^3$$

从而得到

$$\rho = S^{2/3} \times \frac{3\pi}{\gamma}\ (d\,a)^3 * \frac{1}{p^2}\ (\frac{\pi}{l})^{3/2}$$

a/d 是以弧长表示的轨道的半轴，l 和 P 是观测量，因此，系数 $S^{2/3}$ 是已知的。由此，我们得到了以表观亮度表示的密度表达式，并至少可以比较那些恒星的密度，对光谱证据而言，看假定这些恒星具有相似的表面状况。

已发现密度变化范围很大，许多恒星显然处于极为弥散的状态，它们的密度或许并不比空气密度大。

光谱双星也给出了与恒星质量有关的信息，公式 $m_1 + m_2 = \frac{a^3}{p^2}$ 可以适用，并且由于 a 如今已经在线性测量中获得，没有必要再知道视差。但对此情形，从观测结果推断得到的量为 $a\sin i$，其中 i 是轨道平面的倾角。除了恒星是一个蚀变星（在这种情况下，很明显，必须是近 90 度，并相应 $\sin i$ 可能被视为统一）或在极少数情况下系统同时为视觉和光谱双星情况下，倾角依然未知。为统计目的，譬如比较不同类型恒星的质量，我们可以假设，对于足够多的恒星的平均情形下，轨道平面将随机分配，同样 $\sin i$ 也可以采用平均值。因此，从分光双星得到的是某类恒星的平均质量，而非单个恒星的质量。

对于蚀变星情形，这两个恒星的密度完全可以从恒星的光变曲线导出。虽然它们必须是光谱双星系统，但也不必观测径向速度，在结果中也不会用到。由 H. N. 罗素和 H. 沙普利[12]所提出的实际过程太过复杂，在此难以详细描述，因其偶尔与我们的主题相关，我们这里只做简要介绍。容易认识到，蚀和光曲线的其他特征的比例持续时间并不依赖于系统的绝对尺寸，而是依赖于三个线性量的比率，即双星的直径和它们中心之间的距离。因此，通过严格的几何考虑，我们找到了以未知恒星轨道半轴 a 为单位所表示的 r_1、r_2。现在一颗恒星的质量和密度之间的关系涉及半径的立方，以及质量和设计 a 的立方的周期之间的动态关系，由此，通过除法运算，上式中的绝对质量和未知的单位 a 同时消失，剩下的是以周期和已知的 r_1/a、r_2/a 比值所表示的密度。关键的解决办法是，在天文单位下密度的量纲为（时间）$^{-2}$，从而密度依赖于时间和上述比值，而不是一个与该系统其他常数有关的绝对值。

以此方法获得的密度不是严格定义的密度，有必要假定双星质量的比值。如前所述，该比值并不会过于偏离 1，但在极端情形下，结果的误差可能达到百分之五十，此外，恒星的晦暗边缘部分对结果有一定影响，而晦暗是一个假设。通过采取不同的假设，得到真理与谎言之间的不同结果，这表明，当必须考虑实际发现的恒星密度的巨大范围时，这些不确定性并没有任何重要的影响。

通过参考 J. C. 卡普坦的"选定区域规划"，我们可以得出这种观测的本质，我们有关恒星宇宙的知识即建基于此。当恒星的研究主要局限于那些亮于第七等星的恒星，并再次拓展至第九等或第十等恒星时，对所有恒

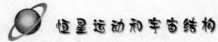

星的完备调查并非一个不可能的目标，而事实上所有可得到的数据均可以很好地利用。但调查目前正在推向第十五等，甚至更暗淡的恒星，这些更暗淡的恒星如此之多，以至除了选择之外不可能也不必做得更多。作为不同种类的视差观测，固有运动、星等、光谱类型和径向速度已高度专业化，通常在不同的天文台进行观测。一些合作是必要的，以便使对同一星群的观测数据尽可能集中。致力关注 206 选定区域的卡普坦 13 计划遍布整个天空以便覆盖各类恒星分布，已得到极为广泛的支持，这些地区的中心位于或接近倾角分别为 0°、±15°、±30°、±45°、±60°、±75°、±90°的圆周。针对各种实际情形考虑，已经选择了确切的中心，但分布非常接近均匀。除了主要的"计划"以外，银河系的 46 区因为其结构的主要变化特征而被选中，该地区恰到好处地包括一个 75×75 的正方形，或者半径为 42 的圆，但对特定数据的研究该尺寸可以被扩展或者减少。

整个工作计划包括九个主要部分：①一个巡天星表的区域；②标准的照相星等；③视觉和仿视星等；④视差；⑤差分固有运动；⑥标准固有运动；⑦光谱；⑧径向速度；⑨天空背景强度。该巡天星表工作进展顺利，将包括所有 $17m$ 以内的恒星。该区域每个位置被赋予约 $1''$ 的概率误差，并且星等（差分星等，仅在这部分工作中需要）概率误差为 $0'''1$。通过对每一区域的标准照相星等顺序的确定，已经取得了显著的进展。对北部地区，视星等确定工作已经部分完成。对于视差，大部分地区已被划分好交给不同的观测站进行观测。对南部天空的观测已在开普敦天文台取得了最为巨大的进步，但照相版尚未确定。从有关对于视差确定的实际可能性的描述中可以看出，对该计划这一部分的实用性存在怀疑。对于暗星的固有运动，工作也必然主要局限于获取初期的照相版。在拉德克利夫天文台，存放着 150 个照相版，尚未得到利用，有待一个合适的时期后进行再次分析，但在大多数情况下，倾向于依靠视差板给出初始位置。对于北方天空的标准固有运动，不久后，观测将在波恩启动。这些结果将用于与旧目录对比，但它们也可以视为未来更精确的观测的初步观测。在哈佛所进行的直至第九星等的观测工作用于确定光谱类型，不久之后将能够用于这些区域，事实上将用于整个天空。我们极其希望拓展到第十星等，这也是整个计划最为迫切的问题之一。在威尔逊山，径向速度确定被压缩到 8^m0，但直到 2.54 米反射镜建成之前，预料也不会出现迅速的进展。一个有价值的但非官方的对该计划的补充是 E. A. 帕斯的从北极到 12 月—15℃区域内所有星云的星表[14]。

参考文献：

1. Ludendorflf, Aslr. Nach. , No. 4547.

2. Hertzsprung, Astr. Nach. , No. 4296.

3. King, Harvard AnnaU, Vol. 59, p. 152.

4. Schwarzschild, "Aktinometrie," Teil B, p. 19.

5. Hertzsprung, Potsdam Publications, No. 63; Astr. Nach. , No. 4362 (contains a bibliography) .

6. Monthly Notices, Vol. 74, p. 26.

7. Comstook, Pxib. Washburn Observatory, Vol. 12, Pt. 1.

8. Campbell, Lick Bidletin, No. 195, p. 104.

9. Aitken, Lick Bulletin, No. 84.

10. Kapteyn and Weersma, Oroningen Publications, No. 24.

11. Boss, Preliminary General Catalogue of 6188 Stars, Introduction, p. 23.

12. Russell and Shapley, Astrophysical Journal, Vol. 35, p. 315, et seq.

13. Kapteyn, "Plan of Selected Areas"; ditto, "First and Second Reports"; Monthly Notices, Vol. 74, p. 348.

14. Fath, Astronomiccd Journal, Nos. 658—9.

Magnitudes. —The Harvard Standard Polar Sequence is given in Harvard Circular, No. 170. For an examination by Seares, see Astrophyeical

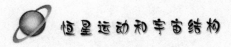

Journal，Vol. 38，p. 241.

视觉恒星星等的主要目录如下：

"Revised Photometry," Harv. Ann.，Vols. 50 and 54. Miiller and Kempf，Potsdam Publications，Vol. 17.

对于摄影星等：

Schwarzschild， "Aktinometrie," Teil B Gottingen Abhandlungen，Vol. 8，No. 4）.

Greenwich Astrographic Cata*log*ue，Vol. 3（advance section）. Parkhurst，Astrophysical Journal，Vol. 36，p. 169.

R. A. S. "Council Note," Monthly Notices，Vol. 73，p. 291（1913）. 给出了确定照相星等的方法的有益讨论.

光谱类型——最广泛的测定可在 Harv. Ann.，Vol. 50 找到，给出了亮度超过 6^m5 的恒星，也给出了许多更暗淡的恒星的散布测定。据了解，哈佛不久将发布含有 20 万颗恒星的星类的非常全面的目录。

德雷帕分类的原理在 Harv. Ann.，Vol. 28，pp. 140，146 中说明。

视差——主要来源：

Peter，Abhandlungen koniglichsOchsische Gesell. der Wissenschaflen，Vol. 22，p. 239，and Vol. 24，p. 179.

Gill，Cape Annals，Vol. 8，Pt. 2（1900）.

Sohleainger，Astrophysical Journal，Vol. 34，p. 28.

Russell and Hinks，Astronomical Journal，No. 618—619.

Elkin，Chase and Smith，Yale Transactions，Vol. 2，p. 389.

Slocuni and Mitchell，Astrophysical Journal，Vol. 38，p. 1.

由所有可用资源得到的视差的极为有用的汇编在以下书中给出：Kapteyn and Weersma，Oroningen Publications，No. 24，Bigourdan，Bulletin Astronomique，Vol. 26.

固有运动——刘易斯·博斯（Lewis Boss）的总星表初编中包含 6188 颗恒星，其中包含所有的明亮恒星的固有运动，取代了许多早期的文献。

Dyson and Thackeray's New Reduction of Groombridge 的目录包含了 4243 颗恒星，其中包含了在北极 $50'$ 区域内许多亮度不到 8 的恒星。

Dyson. 在 Greenwich—Carrington 讨论了许多暗星的固有运动。有些发表在第二个 9 年 Gatalogtie（1900）之上，但对固有运动的需要某些附加的修正（Monthly Notices，Vol. 73，p. 336），完整的列表（未发表）中含有 3735 颗恒星。

Porter's Catalogue, Cincinnati Publications, No. 12，给出了 1340 颗特别巨大固有运动的恒星。

径向速度——Campbell 在 Lick Bulletin, Nos. 195，211，229 中讨论了包括目前能够获得的有关径向运动讨论的实际完整的总结的目录，包含 1350 颗恒星的径向运动。

![telescope icon] **第二章　总论**

　　本章将对恒星宇宙进行总体描述，因为它是由现代研究所发现。有关现在所做描述的证据，将在本书的后续部分逐步呈现，而小的细节也会给予补充。但在开始任何详细的研究之前，似乎有必要设定整个知识领域的基本认识。该学科似乎可以分成不同的领域：恒星在空间的分布、它们的亮度、它们的运动以及不同光谱类型的特征等，但我们不可能独立地探寻这些不同分支。任何一种调查模式，作为一项规则，都会导致涉及所有这些分支共同作用的结果，没有一种研究能够不通过频繁的平行研究而得到一个结论。因此，在本书中我们将采取一种不同寻常的编排过程，把通常意义上的总结放在本书的开篇。

　　在给出总结之后，我们会要求忽略掉所出现的很多尴尬的困难和不确定性的特权，而承诺在后文中再公平地解决这些问题。我们可以忽视替代性的解释，目前那些替代解释已经过时了，尽管它们需要保持热度不减，原因在于任何时候在发现新的事实之后，将再次导致我们将注意力转向它们。缺乏细节的单纯总论不能看作对我们知识的充分体现，尤其是它还将无法传达所讨论的现象的真正复杂性。总之，要记住，我们基于观测事实建造宇宙的关联概念的目标，并非对我们所达到的观点是不可或缺的真理的确认，而是通过采用假设帮助我们心灵掌握事实之间的互相关联，并为进一步的进展准备方法。当我们回望过去，科学的各个领域的理论在过去都经历了许多变革，我们将不会如此轻率地假设首次研究，就获得了绝大多数恒星宇宙的奥秘。但是，如同每一次思想革命都包含残存真理的一些内核，我们可能会希望，现今的宇宙描述包含某些能够持续的东西，尽管其中有些表达错误。

这些研究中，我们所关注的众多恒星排布成一个透镜或者面包状系统形状，亦即，该系统相当偏平，成一个平面。该结构的总体概念示于图2.1，其中中间区域代表我们目前所参照的系统。在此聚集区中，太阳占据了相当中央的位置，由"+"表示。透镜的中平面与银河在天空中表示的平面相同，这样，当我们沿着银河系平面向任何方向（正如该平面被称为银河系平面）看时，都会看到透镜四周最遥远的边缘。沿着直角看朝向银河的南北两极，它们的边界最接近我们。事实上，它们离我们如此之近，以至于我们的望远镜可以穿透到它们的极限。太阳的实际位置略往北偏离中平面，鲜有证据表明太阳相对于透镜边缘的位置，所有我们能说的，是它偏心得并不明显。

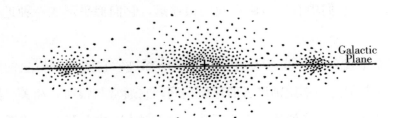

图 2.1 恒星系统的假设部分

该系统的厚度虽然与普通单元相比十分巨大，但并非大到不可估量。不能确定明确的厚度，原因在于它不大可能存在清晰的边界，在边界处恒星逐渐稀薄，该事实或许能更好地表示成等密度表面形似扁圆球体。对该系统的规模给出总体概念，可以说，在通往银河系两极的方向上，恒星密度实际上均匀分布持续到 100 秒差距距离。之后，密度降低变得显著，由此，在 300 秒差距上，恒星密度仅为太阳附近密度的一部分（或许五分之一），在银道面这一范围至少是 3 倍，这些数值受到巨大不确定性的影响。

看来太阳附近的恒星相当均匀地散布着，任何不规则行为都是小范围的，在考虑到恒星系统的总体架构之时可以忽略不计。但在透镜结构的遥远部分，或者更可能是透镜区域之外，存在着巨大的星簇或一系列星云形成了银河系。在图 2.1 中，这一点由（断面上）分布在最左端和最右端的星团所表示。这些星云形成横亘整个扁平系统的一个星带，形成一系列精彩丰富的恒星的不规则聚集，形态多样又聚集成团，但依然保持在主平面附近。重要的是，要明确区分银道面的两个属性，因为它们有时会被混淆。首先，银道面是其附近恒星的圆盘状分布的中平面；其次，它是银河系星云的旋转平面。

并非所有的恒星都同等聚集在银道面，一般而言，早期类型的恒星强烈地聚集在银道面，而那些晚期类型的恒星分布得更为扁平，甚至实际上为一个球状。平均结果决定了是一个扁圆系统，但如果，例如我们单独考虑 M 型恒星——它们中有许多距离我们很遥远，它们似乎形成一种近球形系统。

在银河系中发现了一些巨大的吸收物质的踪迹，它能切断恒星的光线，这些物质与绵延的不规则星云的性质相同，它通常与银河系相关。黑暗吸收性碎片和暗淡发光的星云不知不觉间隐入对方，由此我们可能看到带有发出暗淡光线的边缘的黑暗区域。无论这些物质是否隐隐发光，都具有同样的效果：使其背后的天体变暗或隐匿。即便在中央的恒星聚集范围内，也可能存在一些这种吸收性物质。在这些特殊不透明区域之外，这些例子也可能弥散到整个星际空间，这也将产生使更遥远恒星的光线变暗的效果。但是，迄今已能够确定，这种"雾"不足以产生任何重要影响，我们通常在后面的研究中将它忽视。

在研究恒星的运动中，我们必须撇开空间的边远部分，主要集中注意透镜状系统，或许集中注意系统的内部，此处存在可观的、明显的圆周运动。对径向运动的研究不必受此限制，因为其中有待测量的量与恒星的距离无关。但此处依然是系统更近的部分更为优先，因为观测限于更明亮的恒星。尽管受此限制，但我们的知识领域足够宽广，足以容纳数十万颗恒星（通过有代表性的样本考虑），所得到的结果将具有超越局部意义。

　　值得注意的结果表明，在系统内部，恒星强烈地偏好沿银道面上两个相反的方向运动。运动青睐于两个方向，看起来就像两个巨大的或多或少独立起源的星团彼此相交，如今两相混合了似的。的确，如此直白的解释似乎与刚才描绘的扁圆系统有些出入，各种备选方案将在稍后考虑，同时我们注意到这个方案存在困难。但是，无论物理原因如何，都毫无疑问地在银道面上得到了一条线，而相较于任何其他横向方向，恒星更优选倾向于沿该线往复运动。我们会发现区分沿该线往两个相反方向运动的两股恒星流很方便，并保留对它们是否是两个独立的系统，或者发现这个奇特现象的其他起源的判断。星流命名如下：

　　$Stream\ I.$ 朝向 $R.A.\,94°$，$Dec.\ +12°$ 运动。

　　$Stream\ II.$ 朝向 $R.A.\,274°$，$Dec.\ -12°.$ 运动。

　　一个星流相对于另一个星流的相对运动，约为 40 千米/秒。

　　太阳自身相对于所有恒星的平均运动具有独特的运动，它的速度为 20 千米/秒，朝向点 $R.A.\,270°Dec.\ +35°$ 运动。直接观测到的恒星运动以太阳运动为标准，因此受到太阳运动的影响，这使得两股星流在视方向上出现相当大的变化。因此，我们发现：

　　$Stream\ I.$ 朝向 $R.A.\,91°$，$Dec.\ -15°$ 运动（相对太阳）。

　　$Stream\ II.$ 朝向 $R.A.\,288°$，$Dec.\,64°$ 运动（相对太阳）。

　　而且所述第一股星流的速度为约第二个星流的 1.8 倍（分别约为 34 千米/秒和 19 千米/秒）。因此星流 I 有时被称为快速运动星流，星流 II 被称为慢速运动的星流。但必须谨记，这种描述只是针对相对于太阳的运动，构成星流的恒星，除了星流运动之外，都有自身的运动，但星流运动足以主宰这些随机运动，从而导致总体星流方向的显著一致。

星流Ⅰ比星流Ⅱ包含更多的恒星，其比值约为 3：2，虽然这个比值在天空中的不同部分存在不规则变化，但在各处的混合相当完全。此外，两个星流的恒星的平均距离上没有明显的差异。有证据表明，这两个星流在所有的距离上和天空的所有部分都在充分互相渗透。

对此现象的更多研究表明，通过对恒星的光谱类型显现出的行为差异表明它很复杂。把恒星的各向异性物质作为一个整体而不区分不同的类型，将不能提供对该现象的完整的洞察。但是，直到积累了大量的材料，才能满意地获得星流运动和光谱类型的这种相互关系，但猎户座型（B 型）恒星的突出特征是似乎不存在任何明显的星流倾向。尽管它们的运动当然受到太阳运动的影响，各自的运动通常很小，几乎是随机的。因此，它们形成了第三类系统，不具备任何一类星流的运动，而是相对于恒星的平均运动几乎处于静止。第三类系统并不完全局限于 B 型恒星，在通常分析中将恒星归入两类星流时，我们总能找到一些例外恒星——相对而言，数量不多却具有明显的不规则性，这些显然归属于同一系统，这些恒星可以是任何的光谱类型。在星流归类中存在一些任意性（这可以与观测结果的傅立叶或球谐分析相比较），如果喜欢，我们可以采用能够更充分地认识第三类系统的分类方法。

有时第三类系统如同所称的 O 型星流，可能由非常遥远的恒星构成，位于那些占据讨论主题的恒星的范围之外。果真如此，发现它们遵循不同的规律并没有包括在两个星动之中就毫不奇怪了。但是，目前发现这种解释有违事实，我们必须认识到，即使在更近的恒星之中也存在 O 型星流。

发现 B 型恒星的个别微小运动是一个更普遍法则的组成部分，天体物理学家通过光谱研究，已经把恒星按照他们认为的连续进化阶段加以排列。现在已经发现，从最年轻的恒星到最古老的恒星，存在直线运动尺度的规则变化。尽管一个恒星诞生之时没有运动，但它逐步获得运动或运动逐步加剧（在一个方向上解析的）。恒星平均运动稳步增加，从 B 型恒星的 6.5 千米/秒的到 M 型恒星的 17 千米/秒。

我们可能会把年龄和速度的这一关系视为现代天文学中最令人惊异的结果之一。过去 40 年里，天体物理学家一直在研究光谱，并按照进化演化的顺序排列恒星。但看似合理的是，人们断言他们的假设必定已经永久性地不可能得到确认，并引发了论争。然而，如果这种结果正确，我们就具有了恒星以相同顺序排列的明确的标准。如果一类恒星的平均运动沿着其演化历程发展确实正确的话，那么，对于我们关于恒星发展步骤的理解就有了一个新的强大的帮助。

为何恒星的速度随演化的发展而增长并不太容易解释，我倾向于认为，以下假设能提供对事实最好的解释。在原始状态，形成恒星的材料如同现今的恒星一样散布着，即沿着银道面直至相当远处材料较为密集，远离银道面的地方和远处材料极为稀薄。在恒星材料富集之处，形成了演化缓慢的巨大恒星；在恒星材料稀薄之处，形成了演化迅速的小型恒星。前者为我们的早期恒星，它们来自并不遥远的地方，因而运动速度缓慢并且主要平行于银道面。后者我们称之为晚期恒星，它们在远处形成并且需要巨大的速度落入银河系。此外，因为它们不必在靠近银道面处形成，它们的运动并不主要与银道面平行。

随着不同类型的恒星个体运动速度逐步增加，星流运动就会相当突然地出现，整个 B 型恒星，甚至直至 B8 和 B9 仍察觉不到两个恒星流。但在接下来的 A 型恒星中，星流以最为清晰和强烈的形式表现出来。对其余类型恒星流仍然极为显著，但有一个明显的减弱。没有理由相信，这种减弱是由于星流速度的任何实际下降，只不过是杂乱无章的运动逐渐增加，使得系统的运动不那么占主导地位了。

恒星运动和宇宙结构

望远镜所发现的最美丽的天体是星簇，特别是球状星簇，其中数百乃至数千颗恒星挤在一团致密的星团中，很容易就出现在一个望远镜的视场范围内。最近的研究已经揭示了几种系统，想必与这些星簇的性质相似，它们实际上是我们的邻居，在一种情形下甚至环绕着我们。在近距离内观测浓度消失，星簇几乎吸引不了注意。对这些相当接近我们的系统的探测是一个重要的研究分支，它们以全体成员具有精确相等并平行的运动而得以区别。恒星们似乎以很普通的恒星距离间隔开，它们的互相吸引太微弱，无法产生任何明显的轨道运动。它们不是由任何力聚合在一起，我们只能推断，它们继续一起移动，因为没有任何力量曾经干预而把它们分开。

这些"移动星簇"包含在恒星的中心汇聚区，许多球状星簇尽管更为遥远，很可能也包含在其中。然而，其他一些星簇可能位于银河系的星云之中，它们在天空中的分布很奇异地分布不均，它们几乎都分布在一个半球内。在射手座和蛇夫座里，这些"移动星簇"最为丰富，它们位于银河系的明亮区域，这无疑是在天空中最不寻常的区域，或许可把其描述为球状星团之家。

我们还应必须考虑星云及它们与恒星系统的关系。在此阶段，可以指出，在"星云"里有众多组成各异的天体聚集在一起，我们绝不能被蒙蔽而假设不同的天体具有任何共同点。有理由认为，螺旋星云或"白"星云是一些实际上位于整个恒星系统之外的天体，它们确实是与我们的恒星系统等同的恒星系统，与我们的恒星系统相隔了巨大的宇宙空间。但气态的不规则星云，可能还有行星状星云与恒星关系更紧密，必须包含在恒星中。

是时候从对主要现象的总论转到对有关问题的详细讨论了。讨论顺序将首先处理最近的恒星，我们对于它们的知识已经非常全面和直接。由这些恒星的知识，我们将转到其他偶然表现出特别有启发意义的星群。从这些数量非常有限的恒星，我们可以进行一定程度的一般化，而我们下一个任务是考虑一般性的恒星运动，这些将在第五章到第七章中说明。考虑到不同显现与光谱型的依赖关系，我们继而讨论恒星分布的问题，这放到我们处理恒星运动之后，因为固有运动认真对待的话，该信息是有关恒星距离的最重要的信息来源。在第十一章，我们转而讨论两个主题——银河系和星云，我们有关它们的知识将更不确定，结论部分试图引入动力问题来进行恒星系统运动的维持。

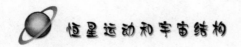

第三章　最近的恒星

我们有关恒星分布的绝大多数通过间接方法得到，对恒星星等和运动的统计加以分析从而得到推论。但在本章中，我们将考虑可以从那些距离已经直接测得的恒星学习到的知识。尽管只由恒星系统的一个小样本来进行评判，但它成为一个很好的出发点，从中我们可以对那些本身通常存在的更多假设现象进行研究。

对于最高精度的视差确定，可能的误差通常约为 0.01″，因此，恒星在空间中的位置易受大的不确定性的影响，除非它的视差至少达到十分之一弧秒。这类恒星只占到所有恒星的很小比例，这一点由裸眼可见的恒星的平均视差仅有 0.008″ 这一事实来判断。裸眼可见的视差高于和低于以上数字的数量一样多，因此，在本章中，我们限定于考虑周围宇宙的最小边缘，目前并不打算深入恒星的普遍质量。

表 3—1 示出了所有已被发现具有 0.20″ 或更大视差的恒星（对这一类表，这里我采用了皇家天文学家 F. W. 戴森的方法，正是他首次让我认识到这个表格的重要性）。仅接受最为可信的测定结果，并且大多数情形下，至少有两个独立的研究者已经互相证实彼此的结果，这份名单主要是基于卡普坦和维尔斯马的汇编。[1]

我们对目录上的 19 颗恒星距离有多远很感兴趣，它是否包括以太阳为中心、半径为 5 个秒差距球体内的所有恒星？一方面，应该承认这个表格是不完整的：对恒星亮度（以 *BD* 尺度计）低于 9.5 的恒星，完全缺乏有关的测定。以太阳为标准，一颗视差为 $0.2''$ 的 $9^m.5$ 级别的恒星光度为 0.006。因此，通常光度小于太阳亮度二百分之一的恒星未包括在表中。在表中第五列的光度分布使得我们预料这些非常微弱的恒星可能会数不胜数。

表 3−1 最近的十九颗恒星。

（距离太阳小于五个天文距离）

恒星	大小	频谱	视差 ($''$)	光度 （太阳光度为 *I*）	备注
格鲁姆布里奇	8.2	*Ma*	0. 28	0. 010	双星
仙后座 η	3.6	*F8*	0. 20	1. 4	双星
鲸鱼座 τ	3.6	*K*	0. 33	0. 50	
波江座 ∈	3.3	*K*	0.31	0.79	
CZ5h243	8.3	*G−K*	0.32	0.007	
天狼星	−1.6	*A*	0.38	48.0	
南河三	0.5	*F5*	0.32	9.7	双星
Lal. 21185	7.6	*Ma*	0.40	0.000	双星
Lal. 21258	8.9	*Ma*	0.20	0.011	
OA（*N.*）17415	9.2	—	0.20	0.008	
半人马座 α 星	0.3	*G, K5*	0.76	{2.0 0.6}	
OA（*N.*）17415	9.5	*F*	0.27	0.004	双星
Pos. Med. 2164	8.8	*K*	0.29	0.006	
天龙座 σ 星	4.8	*K*	0.20	0.5	
天鹰座 *A* 星	0.9	*A5*	0.24	12.3	双星
天鹅座−61	5.6	*K5*	0.31	0.10	
因迪 *e* 星	4.7	*K5*	0.28	0.25	
克鲁格 60	9.2		0.26	0.005	双星
拉凯星 9352	7.4	*Ma*	0.29	0.019	

其后，确认表 3−1 中的恒星至于光度大约 0.006 处，而在球空间内完全可能存在无数的暗淡恒星，那么突破这个限制以下还能走多远呢？一般而言，选择恒星来确定视差以便考虑恒星巨大的固有运动，也已测定了

大多数很明亮的恒星，但绝未发现视差大于 $0.2''$ 的恒星，这些恒星并未被巨大的固有运动使之成为可能，为形成恒星视差研究的完整性概念，来考虑那些运动超过 $1''$ 每年的恒星。F. W. 戴森测定了 95 颗恒星的视差[2]，他的名单可能是完整的，至少涉及了第九等恒星。大部分天空的天星表和子午线目录涉及如此彻底的周密调查，超过 $1''$ 每年的运动很难不被注意到。在这 95 颗恒星之中，有 65 颗恒星的视差已被很好地测定，或者至少这些测定足以表明它们超出了我们球体的界限，65 颗恒星中就有表 3 所列的19 颗恒星中的 17 颗。对于剩余的 30 颗恒星，或者还未尝试测定，或者测定并未否定它们落入球体范围内的可能性。剩余的这些恒星的视差不太可能有较大的数值，因为它们包括相当多的只高于每年运动为 $1''$ 的恒星，但也有一些明显的例外，具有巨大的 $6.07''$ 每年运动速度的 8.5 等科多瓦 32416 恒星看来被完全忽视了。可以预料，对这 30 颗恒星的进一步研究，将为我们的星表增加 4 颗或 5 颗额外的成员。

在表 3-1 中固有运动小于 $1''$ 每年的恒星有两个，不难证明这个比例并不足。在球体范围内的恒星的平均视差为 $0.25''$，并且这些恒星以 $1''$ 每年的运动，相当于每秒 20 千米的线性切白运动，那么，现对于地球大约为：

$$\frac{视差运动大于1''的恒星数量}{视差运动小于1''的恒星数量} = \frac{横向速度大于20km/s的恒星数量}{横向速度低于20km/s的恒星数量}$$

现在，得自于其他来源的我们关于恒星速度的一般知识可能足以给出后者比例的粗略的概念。我们可以预期，恒星内部的线速度分布应该与外部的普遍分布相差不大。假设恒星的平均径向速度为 17 千米每秒（该速度值由 $Campbell$ 针对 K 型和 M 型恒星提出，这两类恒星包含了绝大多数的恒星），麦克斯韦分布给出横向速度大于 20 千米/秒的恒星占 64%，而速度小于 20 千米每秒的恒星占到 36%，二者比例为 1.8：1。计入太阳运动将增加高速运动恒星的比例，并且在受完全太阳影响的天空的那个部分，该比例将增大到3∶1。如果我们假设，多达五分之二的恒星的运动速度低于1″每年不会有大的错误。

表 3—2　距离太阳 5 到 10 秒差距的恒星

恒星	大小	频谱	每年固有运动 (″)	视差 (″)	光度 (太阳光度为1)
巨嘴鸟座 ζ 星	4.3	F8	2.07	0.15	1.3
*水蛇座 β 星	2.9	G	2.24	0.14	5.4
双鱼座 54	6.1	K	0.59	0.15	0.26
迈尔 20 号星	5.8	K	1.34	0.16	0.28
*仙后座 μ	5.3	G5	3.75	0.11	1.0
三角星座	5.1	G	1.16	0.12	1.0
Pi 2h 123	5.9	G5	2.31	0.14	0.33
波江座 e	4.3	G5	3.15	0.16	0.15
*波江座 δ	3.3	K	0.75	0.19	2.1
波江座 σ2	4.5	G5	4.08	0.17	0.84
御夫座 λ	4.8	G	0.85	0.11	1.5
*魏瑟 5h 592	8.9	Ma	2.23	0.18	0.013
Pi. 5h 146	6.4	G2	0.55	0.11	0.32
*Fed. 1457—8	7.9	Ma	1.69	0.16	0.042
*格龙布里奇 1618	6.8	K	1.45	0.18	0.09
43 Comae	4.3	G	1.18	0.12	2.2
*拉兰德 25372	8.7	K	2.33	0.18	0.017
拉兰德 26196	7.6	G5	0.68	0.14	0.074
*Pi. 14h 212	5.8	K	2.07	0.17	0.26
*格罗宁根 VII No. 20 号星	10.7	—	1.22	0.13	0.005
武仙座	3.0	G	0.61	0.14	5.0
*Weisse 17h 322	7.8	Ma	1.36	0.12	0.08
蛇夫座	4.3	K	1.15	0.17	1.1
*天琴座	11.3	—	1.75	0.13	0.003
北落师门	1.3	A3	0.37	0.14	25.0
*布拉德利 3077	5.6	K	2.11	0.14	0.45
*拉兰德 46650	8.9	Ma	1.40	0.18	0.013

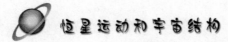

考虑到这些因素，计算结果如下：

表中固有运动大于 $1''$ 每年的恒星数目	17
尚未研究的恒星数目	5
固有运动小于 $1''$ 每年的恒星（通过比例计算）	9
太阳	1
总计	32

必须计入未知数目但可能相当大数目其光度小于 1/200 太阳光度的恒星。

对数据圆整后，我们将以 30 作为球体范围内恒星的密度值（默认忽略了内在的暗星）。其中 20 个已经识别，该数目考虑依赖于观测，假设上的帮助极其微小。这最近的恒星的短短列表值得仔细的研究，许多恒星的主要事实都包含在其中，虽然从这么少的样品一概而论将是不全面的，但结果显示，我们可通过更深入的研究来进行验证。

或许表中最显著的特征就是双星的数量，我们可以看到，在 19 个中有 8 个标记为"双星"系统。为什么有些恒星系统分裂成双星系统，而其他恒星依然合为一体是个有趣的问题。但看起来恒星的分裂绝非异常。分裂成两个的恒星，看起来其数目并不比保持为整体的恒星少。通过光谱分析所发现的为数众多的径向速度上的变化确证了这一推断，尽管光谱学家一般不给出如此高的比例。W. W. 坎贝尔[3] 从 1600 恒星的研究中得到结论：约有 1/4 为光谱双星系统，但是如果将视觉双星系统也包含进去（这些通常不会由分光镜发现），这个比例必将增加。此外，还有一些离得太远而无法被探测到作为光谱双星的双星系统。E. B. 费鲁斯特研究了 B 型恒星，发现他所研究的 2/5 的恒星均为双星系统；他还发现，在博斯的金牛座，这个比例达到 1/2，[4] 在大熊星座中的 15 颗恒星有 9 颗为双星系统。显然，恒星分裂发生在一个恒星历史非常早期的阶段，或在形成星座前状态，通过最早期的光谱类型中发现的高比例已为此提供了证据。随着时间的推移，分离的恒星彼此之间进一步远离，轨道速度变小，所以，后期类型中不能被检测到的比例变大。因此，似乎没有理由怀疑，19 中的 8 个这一比例很好地代表总体平均水平，即使最低也不会低于三分之一。

在该表的恒星亮度从 48 到 0.004 光度，以太阳亮度为单位。们已经看到，这个下限归因于在这一点附近，我们资料缺失这一事实，自然而然地，我们期望有一个从暗淡到熄灭的连续的一系列恒星。在另一端，数量巨大的样本无疑将包含众多更为明亮的恒星，但这些都是太空中比较罕见的。例如，大角星亮度约为太阳的 150～300 倍，安塔尔星至少为 180 倍，参宿七和老人星亮度几乎不可能低于 2000 倍，这些使得在每种情形下的测量视差存在巨大可能的不确定性大，毫无疑问，这些估计是相当谨慎的。

对于与太阳具有同样本征亮度的六等恒星而言，它的视差必须不小于 0.08″。毫无疑问，由于大多数肉眼可见的恒星比太阳遥远得多，因此大多数恒星的亮度必然远比太阳明亮，事实上，亮度超过太阳亮度百倍。或许我们会仓促假定太阳因而远远达低于平均亮度，但是表 3−1 显示了完全不同的状态。在 19 颗恒星中，只有 5 颗比太阳亮，其余 14 颗均比太阳暗淡，这个明显的矛盾吸引我们关注多次偶然注意到的事实。裸眼可见的恒星及所列出的恒星总体上并非很有代表性的恒星，所看到或记录的更强烈发光的恒星的数量，完全与它们在宇宙空间的实际数量不同。要牢记恒星分类统计工作的这个限制极为重要，我们应该考虑在恒星分类工作中，从这些极为特殊的恒星种类所得到的结果，可以合理地扩展到所有的恒星。

同时，表 3−1 还给出了一个截然不同的比例概念，在此发生了与我们通过研究分类工作所得到的印象不同的光谱类型。这包括 4 颗 M 型恒星，虽然这类恒星仅形成目录中总数的大约十五分之一。另外，B 型恒星（猎户座型）在目录中比 M 型多得多，但并没有一个代表在表中出现。解释如下：这些 M 型恒星通常都是非常微弱的发光天体（如表所示），除了离我们很近很少能被看到。B 型恒星强烈发光，虽然它们确实在空间稀疏分布，但我们能够记录甚至恒星系统边界处的恒星，从而使得其数量大的不成比例。在目录中的天狼星星型（A 型）和太阳类型（F、G、K 等）都大致数量众多，但在确定的空间中，后者是前者的 5 倍。

为获得关于光谱类型的真实比例，以及光谱类型和光度关系更广泛的数据，我们制作了表 3－2，其中包含了可以确定的视差从 0.11″到 0.19″的恒星。这些视差通常没有表 3－1 中的那么精确，因为主要精力放到了离我们较近的恒星，但这个标准仍是相当高的，大量的视差测定结果被认为太不确定而被剔除。带星号的结果最为确定，可认为与表 3－1 中的视差结果同样精确。但因为视差更小，计算出的亮度的比例的不确定性也更大。

表 3－2 远非限定范围内恒星的完整目录，在该空间内应该有 200 颗恒星，但仅给出了 27 颗恒星。但不完整性并不严重影响本次调查，除了一些最为微弱的恒星，特别是 K 型和 Ma 型恒星，自然会被忽视，这一点同表 3－1 相比是非常明显的。

收集不同光谱类型的恒星，我们从表 3－1 和表 3－2 得到光度的如下分布：

	亮度	
光谱	视差	视差
类型	大于 0. 20″	0. 19″～0. 11″
A	48. 0	—
A3	—	25.0
A5	12.3	—
F	0.004	—
F5	9. 7	—
F8	1.4	1.3
G	2.0	*5.4，5.0，2.2，1.5，1.0

光谱	亮度	
	视差	视差
类型	大于 0. 20″	0. 19″～0. 11″
G2	—	0.32
G5	—	1.15，＊1.0，0.84，0.33，0.074
K	{0.79，0.5，0.5，0.006}	＊2.1，1.1，＊0.4，0.28，
		＊0.26，0.26，＊0.09，＊0.017
K5	0.6，0.25	—
Ma	0.019，0.011，0.010，0.009＊	0.08，＊0.042，＊0.013，＊0.013

　　该摘要显示了同类型恒星之间亮度趋于相等的显著趋势，以及随着恒星演化阶段推移亮度明显逐步减弱。单个 F 型恒星（严格而言是 F0 型恒星）是个奇怪的例外。该 OA（N）17415 恒星早在 1863 年就被 Krieger 通过太阳仪测定，并且测定数据非常好。或许期望通过采用更为现代化的方法进行观测来审核他的结果，但我们倾向于认为这个例外是真实的。

　　极具诱惑力的是，得出恒星的绝对光度的广大范围，主要取决于类型的不同，而且在同一光谱类中的范围是非常有限的结论，我们可能会用于寻找大的视差。似乎由于 Ma 型恒星迄今被认为光度非常微弱，该类型的任何看起来较亮的恒星都被认为距离我们较近。这个希望并未实现，所测定的明亮的 Ma 型恒星如参宿星、心大星、双子座 η 星和 δ 处女座星都具有非常小的视差，并且确实比表中最亮的恒星天狼星明亮得多。或许，这些异常明亮的恒星迫使我们注意到它们自身并非幸事，而该类型其他数量巨大的普通恒星都太微弱，无法吸引我们注意，我们绝不能形成第三类发光恒星数量的夸张想法。但很显然，尽管倾向于数目相等，但如果所取的样本量足够大，光度范围的确也会非常大，我们将在第八章讨论这个问题。

　　表 3—3 包含了离我们最近的 19 颗恒星的运动的一些细节，横向速度是通过将所测量视差将固有运动转换为线性度量而得到的（线速度＝每年

固有运动/视差×4.74千米/秒），若有的话，也会加入光谱观测的径向运动。这些运动都相对于太阳，如果我们希望以它们的质心作为参考，就必须应用20千米/秒的太阳运动，这将根据不同情形增加或者降低恒星运动速度，但通常情况下使速度降低。经此处理后，共有的巨大速度依然是个令人震惊也最为奇异的特性。普通的恒星运动研究不会导致导致对任何此类现象的预期，事实上把一般性的研究与这类特殊的恒星小集合的结果进行调和并不容易。以运动速度最快的M型恒星为例，坎贝尔发现其平均径向速度为17千米/秒。假设速度分布为麦克斯韦分布，这将给出横向运动（即两维运动）分布：

表3—3　最近的十九颗恒星的运动

恒星	固有运动		径向速度 (km/s)	流向类型
	弧度（"）	线性（km/s）		
格龙布里奇 34	2.85	48	—	Ⅰ.
仙后座	1.25	30	+10	Ⅰ.
鲸鱼座	1.93	28	−16	Ⅱ.
波江座	1.00	15	+16	Ⅰ.
CZ 5ʰ 243	8.70	129	+242	Ⅱ.
天狼星	1.32	16	−7	Ⅰ.
南河三	1.25	19	−3	Ⅰ.
拉兰德 21185	4.77	57	—	Ⅰ.
拉兰德 21258	4.46	106	—	Ⅰ.
OA (N) 11677	3.03	72	—	Ⅱ.
半人马座 α	3.66	23	−22	Ⅰ.
OA (N) 17415	1.31	23	—	Ⅱ.
Pos. Med. 2164	2.28	37	—	Ⅰ.
天龙座 σ	1.84	43	+25	Ⅱ.
天鹅座 A	0.65	13	−33	Ⅰ.
天鹅座 61	5.25	80	−62	Ⅰ.
因迪 ∈	4.67	79	−39	Ⅰ.
克鲁格 60	0.92	17	—	Ⅱ.
拉凯星 9352	7.02	115	+12	Ⅰ.

速度超过 60 千米/秒的恒星　　　　　　53：1

速度超过 80 千米/秒的恒星　　　　　　1100：1

速度超过 100 千米/秒的恒星　　　　　60000：1

表 3－3 中列出了 3 颗横向速度超过 100 千米/秒的恒星（若剔除太阳速度其速度也必然超过 80 千米/秒），这与上述统计的结果完全不同。

我们不能把这结果归因于视觉误差，因为如果视差被高估，速度将会被低估，任何这些恒星的视差几乎不可能比表 3－3 中所列的更大。一个可能的诘难就是，这些恒星是特别选择出来进行视差测量的，因为它们已知具有巨大的固有运动。但是反对意见并不太有分量，除非他们严格地提出，在这个小空间里存在统计方案所要求的数百颗乃至数千颗具有微小直线运动的恒星。此外，我们已经表明在普通的恒星运动观点中，7 颗额外的恒星每年会弥补由于忽略运动不足 1″每年的恒星而造成的损失。

我们也不能通过麦克斯韦定律解决这个问题，它最初是作为一个纯粹的假设，该定律主体已通过最近径向运动的研究得以证实，然而，我们应该准备承认它可能不能给出足够的极大运动。早前已经知道，特定的恒星，说大角星和哥伦布里奇 1830 具有极高的超出普通定律的速度，但我们发现 19 颗恒星的平均横向运动速度是 50 千米/秒，这大大超过了我们能够从普通的恒星研究中所得到的平均速度。圆整后，预期能够得到相对于太阳的平均速度为 30 千米/秒①。

因此，再次发现，对离太阳很近的有限空间体积内的恒星研究与目录内的恒星研究所得的结果相异。我们可能依赖于之前相同的解释，那就是目录给出了不具典型性的选择，但这一次，结果更令人惊讶，几乎不能预

---

① 17 千米/秒的平均径向速度给出 26.5 千米/秒的平均横向速度，无论何种恒星运动定律（麦克斯韦或其他）因子均为 $\frac{\pi}{2}$，这并不包括太阳运动——太阳运动将使该结果大大提高。

料纯粹基于亮度的目录选择将对运动具有如此巨大的影响。但似乎确实如此，我们注意到三颗横向速度大于 100 千米/秒的恒星，光度为 0.007、0.011 和 0.019。这些亮度太微弱了，不能进行普通的统计研究。比太阳更亮的 5 颗恒星均具有非常适当的速度。对于 9 颗最亮的恒星相对于 10 个最微弱的恒星，我们有：

	光度	平均横向速度
9 颗最亮恒星	48.0～0.25	29 千米/秒
10 颗最微弱恒星	0.10～0.004	68 千米/秒

在关于恒星运动的普通研究中，我们几乎未关注的正是亮度小于太阳十分之一的这些恒星，它们正是导致这种异常的全部原因，9 颗明亮的恒星仅仅确认我们有关平均速度大约在 30 千米/秒的一般性估计。

表 3—2 中的恒星也提供给了一些指向同一方向的少量证据，对于此目的，视差基本上还不够精确（与它们的大小相对应），但我们给出了有价值的结果。可以注意到，视差可能略有高估，因此光度和速度将会被低估。另一方面，恒星选择的影响（考虑到巨大的固有运动）将比表 3—1 中的大，表现出过于增加平均速度的倾向。表 3—2 中给出的 9 颗恒星的亮度都小于 0.1，它们的平均速度为 48 千米/秒，因此这些恒星的速度都大大超过了原先预期的 30 千米/秒的速度，但它们尚未包括任何额外速度。

在得到总体结论之前，在这一点上极为期待有更多的证据，但我们的任务是总结我们现阶段的知识，而我们的知识是零碎的。其固有运动和径向速度已被一般性讨论过的恒星，是那些特殊的、至少像太阳那么明亮的恒星，通常默认那些没有那么明亮的、极其众多的恒星运动将与此相似。但是目前的讨论提出了强烈的质疑，即存在一类恒星，包括绝大多数亮度低于 0.1 的主要恒星，它们的平均速度是通常考虑的运动最快的那类恒星速度的两倍。显然，光谱型的速度递增并未终止于 M 型恒星的明亮的成员的 17 千米/秒的速度，而是继续向较微弱的恒星发展直至达到两倍的速度。

在表3－3的最后一栏，每个恒星根据它的运行方向都被分配了各自的恒星流。我们看到，有11颗恒星大概属于Ⅰ型，8颗大概属于Ⅱ型，这与关于GC星表中的6000颗恒星的讨论所得到的3：2比值极为吻合。我们无法检测组成这两个星流的恒星在光度、光谱或恒星速度上的显著差异，对两个相互充分渗透的星流进行了很好的说明，因为我们发现即使在如此小的空间体积里，这两个星流的恒星成员以平均比例混合在一起。

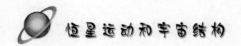

第四章　移动的星群

恒星运动研究揭示了众多星群，星群中的星体成员具有相等与平行的速度，形成这些星群的恒星彼此并非特别接近，而往往发生的是不属于本星群的其他恒星之间彼此相互点缀，我们也许可以通过回顾一些有关双星系统的初步考虑来对此达到更好的理解。

在只有很少一部分归于"物理连接"的双星里面，已经探测到一颗组星围绕另一颗组星进行轨道运动。大多数情形下，连接是从下述事实，即两颗星球以相同的固有运动在相同的方向上掠过天空推断出来的。值得争论的是，除了特别的巧合之外，角速度的相等意味着距离的相等和线速度的相等，因此这两颗恒星在空间上必然紧靠在一起，它们的运动也是如此，即它们必然已经在很长时期内保持紧靠在一起。在确定它们是永久的近邻这一事实后，我们可正确地推断它们的相互引力将会牵涉一些轨道运动，尽管它们可能很慢而难以发现。但这是一个次要问题，在谈到物理连接时，我们并不认为两颗恒星通过引力而连接在一起。连接问题，如果我们尝试对其解释，它似乎是一种起源。组星都起源于太空的同一部分，可能来自单一的恒星或星云，它们以相同的运动启动，并在旅行过程中共享了所有的事情。如果一个恒星的运行路径由于恒星系统的合力而缓慢偏转，那么另外一个恒星则以同样的速率被偏转，以此来维持它们的运动相同。在这些广泛分布的双星当中存在的相互吸引力，可能有助于防止恒星分离，这一点是正确的。但它是一个微弱的约束力，在运动的主体星群中依然存在，因为不存在倾向于破坏它的力。

就此而言，我们可以把物理连接的恒星对分隔得更远甚至远于普通的恒星距离。然而我们要牢记，由于受不同的力，距离越大越可能使它们失去共同的速度。我们知道距离很大的双星是存在的，比如说蛇夫座和布拉德利 2179 就是一个例子，它们大约相距 14′，但沿相同方向具有异常大的 1.24″ 每年的运动。通常，很难探测到这类恒星对，除非在某种程度上运动是显著的——往往能预料到一次偶然的相同运动，不可能从拟似中区分出真正的恒星对。仅当数量和运动方向不同寻常时，我们才有理由相信这些方面的相等不是偶然的。

在移动的星群中，我们发现一个密切相似的物理连接类型，它们是相当可观的恒星群，在太空中广泛分布，但它们的运动相同性暴露了它们。对移动星群最深入研究的一个例子就是金牛座星流，它由毕星团和其他邻近的恒星组成。在这一区域存在大量具有相关运动的恒星是由 R. A. 普罗科特提出来的，但是研究者 L. 博斯展示了这种连接的一种新视角。39 颗恒星被认为属于该星群，在太空中分布在大约 15° 的范围内。毫无疑问，在这个区域中，另有许多的更暗的恒星同属于这个星群，但是，在很好地确定它们的运动之前，尚不能确切地得到这一结论。

在此情形下，第一个判断就是这些太空中的恒星的运动应该收敛于一个点，图 4.1 中的箭头表示观测到的恒星的运动，很好地显示出它们的收敛性。由此可以推断，它们的运动是平行的，因为在太空中显示为平行线，当投射于一个球体时，则收敛于一个点。如果运动全部收敛或发散于一个点，那么就会出现类似的现象，这是正确的。但这两种假设显然是不可能的。理论上，这些星群可能会有轻微的发散，而这些星群原本是很紧凑的。但计算表明，对于星群年龄的任何合理的假设，这些发散都微不足

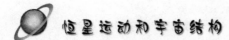

道。由于这些恒星与太阳的距离并非全部相同，因此，事实上，速度不能以同样精确的方式得以论证。但是，允许星群前沿运动相较于后部的表观运动缩短，所有的固有运动均极其接近地一致。运动发散恰是我们应该所预期的，如果星群向太阳扩展并远离它同样的距离，则星群是横向延伸。

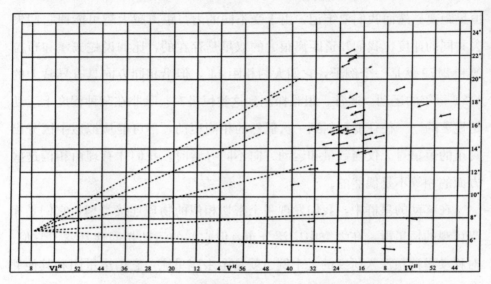

图 4.1 金牛座中的运动星簇（柏斯星表）

显然，在这类星群中，运动的等同性和平行性必须极为准确，否则星群也不可能聚集在一起。假设一个成员偏离平均速度 1 千米/秒，那么以此速度，它将会在 4.75 年之后脱离这个星群，1000 万年后它将会远离 10 个秒差距（此距离所对应的视差为 0.10″）。后面我们将会看到，星群的实际尺度不会如此之大，最远的成员距离中心约 7 个秒差距。按照当前的观念，1000 万年即便对如地球这类星球也是星球寿命的一个短暂的时期。金牛座星群包含了很多进化相当先进的恒星，它们的年龄远比地球的长。从它依然是一个密集的星群这一事实，我们推断，所有单个星体的速度吻合度必定比 1 千米/秒小得多。

这些恒星运动方向的极为密切的收敛性支持了这一观点，偏差均可归为观测的偶然误差。事实上，平均偏差（计算—观测）在位置角为 ±1.8°，然而所预期的由于所观测的固有运动的可能误差比这个要大，实乃一个悖论，即偶然误差特别大的恒星将不能被辨别出属于该星群。

为完善我们对于星群的知识，需要另外一种观测事实，即，任何单个恒星沿视线的运动。事实上已经进行了 6 次测量，结果一致，令人满意。观测数据不仅足以完全确定星群，而且足以确定单个成员，也能确定直线运动。业已表明，星群中的所有恒星的直线运动极其接近相等，方法如下——

收敛点的位置示于在图 4.1 的最左边，发现该点处于：

R. A. $6^h 7^{m.2}$　　　　Dec. $+6o56'$　　　　　（1875.0）

在主要的赤经方向有 $\pm 1.5°$ 的可能误差，如果 O 点为观测者（如图 4.2 所示），那么 OA 即为收敛点的方向。

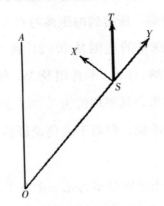

图 4.2 恒星直线运动的测定

考察星群中的 S 星，S 星在空间中的运动[①] ST 必定平行于 OA，把 ST 分解为径向和横向分量 SX 和 SY。如果 SY 已经通过分光镜测量，我们可以马上发现：

$$ST = SY\, sec\, TSY$$
$$= SY\, sec\, AOS$$

---

① 此处所考虑的运动均相对于太阳测量。

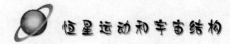

而且，由于 A 和 S 是天球的已知点，那么可以知道角 AOS。

由于速度 ST 对于星群中的每颗星都相等，那么我们足以通过所测得的任一成员的径向速度来确定速度 ST，我们发现其结果为 45.6 千米/秒。

接下来，我们得到每颗恒星的横向速度，它等于：

$$45.6 sinAOS \ 千米/秒$$

恒星的距离为：

横向速度＝距离×所观测的固有运动

此处，这些单位都是协调的。

可以看出，每颗恒星的距离都是通过这个方法来得到，而不只是那些径向速度已知的恒星，所得到的距离的精确性为所观测到的固有运动在百分之几，原因在于公式中的其他量都是非常确定的。由于这些恒星的固有运动是巨大的而且相当精确，所得到的距离与在天空中的任何区域已知的量中也最为精确，这些视差的范围从 0.021″ 到 0.031″，均值为 0.025″。A.S. 唐纳、F. 柯林斯特纳、J.C. 卡普坦及 W. 德·西特等人[2] 合作，通过摄影直接测量得到的结果，其平均值为 0.023″±0.0025″，该结果尽管被认为不如间接获得的结果准确，但对于波色论证的合法性还是一个满意的确证。

从这些研究中，金牛座星团显示为是一个在中心轻微凝聚的球状的星团，它的整个直径显著超过 10 秒差距，这个问题引发了是否可以将该系统视为与望远镜所揭示的球状星团相似的争论。如果不存在比目前所知的 39 个成员更多的恒星，那么，星群排列的紧密性不会比在紧邻太阳的星系中所发现的大。但是看起来，这 39 颗恒星都比太阳更明亮，与第三章讨论的暗淡的恒星做比较有失公平。根据粗略计算，金牛座星团成员可分为如下几类：

5 颗亮度是太阳 5～10 倍的恒星

18 颗亮度是太阳 10～20 倍的恒星

11 颗亮度是太阳 20～50 倍的恒星

　　5 颗亮度是太阳 50～100 倍的恒星

　　在太阳附近，没有任何事物能与具有如此聚集的宏伟天体相比较。确实，这些恒星分开的距离是普通数量级，但它们特别的亮度使它们与普通区域区别开来。不管是否有其他更暗淡的恒星伴随它们，称之为星群是足够合适的。毫无疑问，从一个足够远的距离来看，这种组合将具备一个球状星团的总体外观。

　　已知的金牛座星群的运动使得我们可以追踪它的过去和未来历史，80万年前它位于近日点，那时距离是现在的一半。波色已经算出，6500 万年之后（如果它的运动未被干扰）它将变为直径为 20 的普通星群，包含大量从九等到十二等的恒星。

　　有趣的是，我们会注意到金牛座大小的星群一定包含了很多闯入但不属于它们的恒星，即便我们忽略了那些外围成员，该系统也占据了半径至少为 5 个秒差距的球空间。如今在太阳附近的球体大约包含了 30 颗恒星，我们不能假定恒星之间空缺的缝隙是特意留给星群的通道，那么可以假设那些通常将会占据该处空间的恒星事实上就在该处——与移动星群的实际成员之间交叠当并非该星群的恒星。一个重要的事实是，无关恒星对星群的渗透并未扰乱运动的平行性或分散星群的成员。

　　大熊星座系统是另一个详细信息得到确定的运动星群，长期以来，它一直被人们称为由星座中的 5 颗恒星即 β、γ、δ、ϵ 和 ξ 形成一个连接的系统。通过埃纳尔·赫兹普龙（Ejnar Hertzsprung）的工作表明，散布在天空的一大部分里的大量的其他恒星属于同一个星群，这些散布的成员中最为有趣的就是小天狼星，对它而言星群归属的证据很有力。它的视差和径向速度都很好确定，并且与星群的整体运动的计算值相符。用于确定共同速度及在空间中定位单个星体的方法与金牛星座所采用的方法相同，当相对于太阳测量时，速度为 18.4 千米/秒，指向收敛点 *R.A.* 127.8°，*Dec*+

40.2°。当考虑太阳运动时，其"绝对"运动速度为 28.8 千米/秒，指向 *R. A.* 285°，*Dec* −2°。由于该点离银河系平面仅有 5°，该星系的运动大致平行于银河系。

表 4−1 中给出了恒星个体的细节，包括视差和赫兹普龙从已知的星系运动中推断出来的径向速度。在大多数情形下，计算得到的径向速度均为观测结果证实。3 但对几乎所有视差，依然不可能检验所得到的数据，这很可能是一个或者更多的恒星被错误地包含进来，但毫无疑问的是，它们大多数都是该星群的真正成员。在直角坐标系里给出的均为一般单位（秒差距），太阳位于原点 ，*OZ* 指向收敛点 *R. A.* 127.8*o′ Dec* +40.2°，*Ox* 指向点 *R. A.* 307.8°，*Dec* +49.8°，由此平面 *ZOX* 包含极点。如果从这些数据构建一个星系模型，正如 *H. H. Turner*4 所表明的，会发现该星群形如一个盘子，盘面几乎与银道面垂直。它的扁平度极为显著，单个星体高于或低于该面的平均偏差在 20 秒差距，与该星群的横向范围即 30～50 秒差距想比这一偏差很小，在最后一栏中给出了以太阳光度为单位的绝对光度。有趣的是，3 颗 *F* 型星是最暗的，它们的光度分别为 10、9 和 7。

表 4−1　大熊星座分流

恒星	星等	光谱	计算值		直角坐标			亮度（阳光度为1）
			视差（″）	径向速度（km/s）	X	y	Z	
波江座	2. 92	A2	0. 034	−7. 5	−13. 8	−23. 3	12. 1	96
御夫座	2.07	A*p*	0. 024	−16. 0	7. 8	−18. 8	36. 3	410
天狼星	−1.58	A	0. 387	−8. 5	−2. 0	−1. 1	1. 2	46
大熊星座 37	5.16	F	0. 045	−16. 6	7. 6	19. 6	19. 3	7
大熊星座 β	2.44	A	0. 047	−16. 1	7. 6	6. 9	18. 7	76
狮子座	2.58	A2	0. 084	−14. 4	−2. 3	7. 1	9. 3	21
γUrs Maj	2.54	A	0. 042	−15. 0	8. 9	10. 5	19. 3	87
δUrs Maj	3.44	A2	0. 045	−14. 4	9. 8	9. 7	17. 2	32

续上表

恒星	星等	光谱	计算值		直角坐标			亮度（阳光度为1）
			视差（"）	径向速度（km/s）	X	y	Z	
格里布里奇 1930	5.87	F	0.028	−13.4	18.6	15.1	25.7	9
ξ Urs Maj	1.68	Ap	0.042	−13.2	11.4	11.7	16.9	190
78 Urs Maj	4.89	F	0.042	−13.0	12.0	11.8	16.8	10
Urs Maj	$\begin{cases} 2.40 \\ 3.96 \end{cases}$	$\begin{cases} AP \\ A2 \end{cases}$	0.043	−12.2	11.9	12.5	15.3	$\begin{cases} 93 \\ 22 \end{cases}$
日冕 α	2.31	A	0.041	−2.2	12.0	20.9	2.9	110

猎户星座（Orion）的光谱型恒星表示几个移动星群的例子。在昴宿星（团）（Pleiades）我们有一个显著的星团，按照一般意义的条件，可以预期，主星的运动与至少 50 个暗星的运动相等并平行。[①] 猎户星座本身的明亮恒星（参宿四（Betelgeuse），又名猎户座 α 星是个例外，它的光谱并非 B 型）看起来也形成了一个这类系统，对此情形，证据主要来自于其径向速度，原因在于横向运动速度均极为微小。已经在猎户星座中发现，一种微弱的星云形成了大猎户座星云的延伸，似乎要充满恒星所占据的整个区域，它可能包括较轻的气体和仍未被发展中的恒星所吸收的材料。在视线里星云的速度和星座中的恒星速度一致，在昴宿星（团）内可以发现类似的星云。

对这些最年轻的恒星情形，我们在金牛座星系中推断得到准确的运动量值的方法几乎不再适用，特别是对于猎户座，它的尺寸必然达到金牛座的 100 倍以上，只有这种可能性，即猎户座的伴星可能相当快速地分散。

在英仙座中，我们会发现采用"移动星群"的名称会更合理，它被

---

① 此即所认为的固有运动。6 颗最为明亮的恒星的径向速度表明存在某种惊人的差异（阿达姆斯，Astro—physical Journal，Vol. 19，p. 338），但由于光谱测定本质上的困难，这类测定并不十分可信。

J.C. 卡普坦、B. 博斯和笔者同时发现。如果我们在天空的这一区域——
R.A.2ha 和 6h 到 Dec. + 36° 和 +70°（约为整个球体的三十分之一）探究
所有猎户座型（B 型）恒星，我们将发现它们的运动分为两类。在图 4.3
中，每颗恒星的运动以十字表示，这些恒星具有固有运动，使它们从原点
O 在一个世纪之内运动到某个十字。如果这些恒星同时从原点出发并以所
观察到的固有运动运行，那么一个世纪之后，人们会看到如图 4.3 所示的
分布。只有一颗恒星的运行超过了图中的限制而未显示，除此之外，图中
包括了所有的在该区域内数据有效的 B 型恒星。

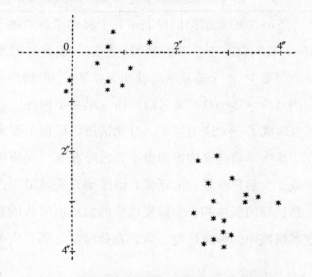

图 4.3　英仙座中"猎户星座"的运动星簇

上部的星群靠近远点，它包含很多具有非常微小固有运动的恒星——
它们都小于 1.5″ 每个世纪，几乎不会超过可能的测定误差。这些显然是非
常遥远的恒星，也没有丝毫证据显示它们之间彼此关联，它们似乎紧密相
连，原因在于距离太远，使得它们的不同运动显得微不足道。下部星群包
含 17 颗恒星，它们具有相同的运动，包括大小和方向，它们显然构成了
在性质上类似那些我们已经考察过的恒星的移动星群。它们之间的关联进
一步为这一事实所证实，即它们并不是散布在整个区域，而是占据了一个

有限的区域。

表4.2显示了构成该星群的恒星。T. W. 巴克斯业已指出，编号742到838的那部分恒星构成了裸眼可见的非常引人注目的星团。英仙座的阿尔法和西格玛恒星不是猎户座类型的恒星，它们列于可见星团之中，后者的运动表明它与该体系没有任何关系，但英仙座阿尔法星似乎属于英仙座，因此可能加入该星团。我们尽可能地去探究这部分天空里的其他恒星，但是我们没有找到任何证据去证明它们与该移动星群有关联。除了3颗恒星外，所有恒星均处于一个链条上，这或许表明一个边缘可见的扁平星群（居于大熊星系平面）。它始终可能包含一些运动意外巧合的可疑恒星，应该怀疑偏远的3颗恒星与其他恒星并无不真正关联，另一方面，它们也很可能被视为原始成员，相对于其他成员，它们受到额外的因素干扰。

由于微小的固有运动，不能很好地确定该星群的收敛点，这些运动明显偏离太阳的背点方向，由此，除了与太阳运动有关外，该星群还具有自身的一些速度。

表4－2　英仙座中的运动星群

柏斯编号	恒星名称	类型	星等	R. A. (h. m.)	Dec (0°)	百年运动 (″)	方向 (0°)
678	Pl. 220	B5	5. 6	2 54	+52	4. 3	51
740	30 英仙座	B5	5. 5	3 11	+44	3. 8	55
742	29 英仙座	B3	5. 3	3 12	+50	4. 5	52
744	31 英仙座	B3	5. 2	3 12	+50	4. 2	51
767	Pi. 37	B5	5. 4	3 16	+49	3. 6	45
780	布拉德利.476	B8	5. 1	3 21	+49	3. 2	47
783	Pi. 56	B5	5. 8	3 22	+50	4. 9	37
790	34 英仙座	B3	4. 8	3 22	+49	4. 4	57
796	Brad 480	B8	6. 2	3 24	+48	4. 7	54
817	φ 英仙座	B5	4. 4	3 29	+48	4. 3	42

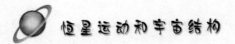

续上表

柏斯编号	恒星名称	类型	星等	R. A. (h. m.)	Dec (0°)	百年运动 (″)	方向 (0°)
838	δ 英仙座	B5	3. 0	3 36	+47	4. 6	51
898	Pi. 186	B5	5. 5	3 49	+48	3. 9	40
910	英仙座	B0	2. 9	3 51	+40	3. 9	49
947	c 英仙座	B3	4. 2	4 1	+47	4. 4	43
1003	d 英仙座	B3	4. 9	4 14	+46	4. 5	55
1253	鹿豹座	B3	6. 4	5 11	+58	3. 9	37
1274	御夫座	B3	5. 3	5 15	+42	4. 5	40
772	α 英仙座	F5	1. 7	5 17	+50	3. 8	55

追踪互相相距甚远的恒星之间的联系，是现代恒星研究的一个重要分支，而且随着更多恒星的固有运动得以确定，我们很可能会有更有趣的发现。在这一阶段，似乎值得我们去考虑何为精确的标准，我们通过哪些标准可以确定以"移动星群"表示的恒星相互之间是否具有密切关系。由于获得了数千颗恒星的固有运动，那么可以肯定的是，如果选择这些恒星中的任一个，就有可能挑选出与其运动近似的另外一些恒星，特别是对于视差和径向速度未知仅考虑运动方向更为如此。但是，只要我们知道了它在所有 3 个坐标上的速度，就能找出与其相似的星群，正如在一个很小空间里的气体必定有许多分子具有相等的速度。显然，运动一致并不能证明它们之间的联系，除非有进一步的情况表明一致性具有某种显著性。正如我们在第二章清楚看到的，更为困难的是恒星散布在所研究的宇宙的整个区域里，显示出它们具有共同的运动倾向，所以它们被分为两个大的星流。我们必须小心，不要误以为在金牛座和大熊星座中所看到的更为密切的联系，是由这种普遍的宇宙条件引起的运动一致性。

就金牛座和英仙座而言，它们的区别还是相对简单的，它们是致密的恒星群，所以只要考虑太空中的一小块区域和空间的一小部分体积，这样可能导致偶然一致性的外来恒星的数目就不会很大。在金牛座星簇中，巨大的运动导致该星群引人注目，虽然英仙座群的固有运动不是很大，但我们仔细地从图中发现它是非常独特的。此外，对于后者来说，由于其成员之间光谱类型相似，有助于探测成为可能。

大熊座星系分布在太空的广大部分，对它的了解存在巨大困难。对于这些更为散布的成员的区别，只是由于它们的运动沿着独特的方向而成为可能，它的收敛点离星流的顶点及太阳的顶点都很远，沿该方向或接近该方向的运动都很少见。笔者基于博斯的基本总星表对两个恒星流的研究发现，在一处区域里存在一个显著的特点，经过调查证实它是该星系的 5 颗恒星，这 5 颗恒星以此种方式运行应该引发关注，足以表明沿这些特定方向的运动是个例外，因此，我们在很大程度上排除了偶然性巧合，然而，我们基本不太确定而且有理由怀疑，目前被划到这一星群的一颗或两颗恒星将会被证明存有疑问。

当假定的星群不局限于天空的一部分和离太阳的一个特定距离时，当这些指定的运动不太引人注目而且对恒星的选择没有充分限制时，考虑这些特定光谱的恒星或者不考虑，不能太过相信这种运动的相似一致。在这种不利条件下，仔细地研究这些星群可能最终导致重要的结果，但目前而论，我们并不满足于承认这些星簇没有达到所设定的标准的凭据。

本章小结

我们尝试去总结恒星天文学中对运动星群发现的重要性。一个直接的结果就是对金牛座和大熊星座，我们已经能够获得精确的恒星的距离、相对分布及光度的知识，这些恒星距离太过遥远，用普通的测量方法无法成功测量。当较暗的恒星固有运动已经准确地确定时，这种知识上的扩展的重要性便可以预期。此外，在太空中恒星广泛分布的可能性，通过它们时至今日的整个寿命期间保持的惊人相似的相等与平行的运动，对我们探索星系运动的起源和变迁，是一个必须考虑的事实。通常，变现出这种联系的恒星均为早期的光谱型恒星，但在金牛座星群中存在众多进化如同太阳一样的恒星，有些甚至是 K 型恒星，而在更为广泛分布的大熊座系统中有 3 颗 F 型恒星。这些星系存在的时间似乎已经与恒星的平均寿命相同，它们在空间的一部分徘徊，但这些散布的恒星并不属于这个体系，而外来的恒星在这些星群之间穿过。然而运动的一致性并未受到干扰。很难不得到如下结论：恒星通过附近时的偶然吸引对星系运动不产生明显的影响，而且如果运动随时间变化（看来它们必须如此），这种变化并不在于个体星球从附近经过，而在于全部恒星宇宙的中心引力，对于移动星群所占据的太空空间的体积，该中心引力显然是恒定的。

第五章 太阳运动

天文科学家很早就认识到，我们所观测到的恒星的运动相对于太阳的位置而变化，而且观察到的那部分位移可能是太阳本身运动引起的，"何为太阳运动"这个问题即刻引出所有运动必须是相对的哲学难题。现实中区分观察太阳和恒星运动的方法是不确定的，这些天体在一个绝对缺乏固定参照物的太空中运动，能够被视为静止的参考结构的选择和定义是一个常规问题。也许19世纪的哲学家认为未受扰动的以太提供了一个静止标准，或许将其称为是绝对的静止是合适的。即便当时它不能由实践证明，那也是一个能够用于对它们生命和论点给出理论精确性的终极理想。但是根据现代对以太的看法，不再容许这么做，即使我们不会走到完全抛弃以太介质的地步，通常也认为测量相对以太的运动是毫无意义的，甚至它也不能作为理论上的静止标准。

实践上，静止标准已成为"恒星总体的平均"，一个难以严格定义的概念，但该概念的一般性意义又足够明显。把这些恒星比作一群飞鸟，我们就可以区分鸟群的总体运动和某只鸟儿的个体运动。规定一群恒星总体上可被视为静止，现在没有必要去考虑那些我们认为所有星星平均来看是静止的绝对标准的问题。我们有足够理由把它作为一个常规标准，这相当有用。如果在恒星体系里有任何真正的统一，对这一现象，我们就会期望通过针对所有恒星的中心去获得一个简单明了的观点，而不是主观地去选择太阳这颗恒星。在此，质心的意思是所讨论的固有运动位列星表之中的众多星星的质心（毋宁说是平均的中心位置）。由于所考虑的仅有这一点的运动，它在太空中的实际位置是无关紧要的。若质心随所采用的恒星的亮度和星表在太空中覆盖的特定区域大小变化很大，该标准将是极其不便的。现在还不能确定，由这些特别选择的星星所引起的变化程度的大小，但是，随着观察数据的改善，在早期研究中，这些变化的范围已经大大减少，或者说得到了更为满意的解释。目前，尽管一些人断言"所有星星的平均"总体上是一个精确的标准，但不确定性看起来不是很严重，并未造成多大麻烦。

对恒星相对于太阳的平均运动的测定，和对（相对于恒星的平均运动）太阳运动的测定是同一个问题的两个方面。相对运动，无论以何种方式，在我们的观察中都表现为恒星向天空中的某个点运动的强烈趋势，最为符合的测定是哥信布也星。虽然个别恒星的移动方向可能大相径庭，甚至朝运动方向相反，但趋势极为明显，通常只要极少的恒星就足以证明这一点。在1783年，威廉·赫歇尔爵士第一次仅测定了7颗恒星，但依然能够指出一个方向作为第一个良好的近似。从他的那个年代到近些年来，测定太阳的运动业已成为对一系列固有运动所有统计研究中的首要问题，而这些固有运动被一次又一次地测量。该研究通常和测量岁差常数有关系，这个常数在分析太阳运动时是一个基本量，事实上，这两个量对定义我们的参考标架都是必须的，太阳运动确定何者被视为一个固定的位置，岁差常数确定持续移动的恒星中的固定方向。许多以往的关于太阳运动的测定，现在基本上被发表在1910年和1911年的两个结果所取代，它们基于如今所能得到的最好的观测资料。

刘易斯·博斯从他的6188颗恒星总表的固有运动测定中得到：

太阳顶点　　　　　　　*R.A.*　　270.5°　　±1.5°

Dec.　　+34.3°　　±1.3°

W.W. 坎贝尔从 1193 颗恒星的（光谱测量的）径向速度测定中得到：

太阳顶点　　　　*R.A.*　268.5°　　±2.0°

　　　　　　　　Dec.　+25.3°　　±1.8°

太阳运动速度　　19.5±0.6km/s

坎贝尔没有给出可能的误差，但上述的近似值很容易从他的论文中得到。

这两个结果分别得自于横向和径向运动，它们的不一致若归因于测量的随机误差是相当大的，这一差异可能要归因于两次研究所采用的并非同类恒星。坎贝尔的结果取决于那些亮度基本上大于 5.0 的恒星，而博斯的研究包括了所有的第六等恒星和许多更暗的恒星。此外，博斯的结果尤其依赖于那些离太阳最近的恒星，对于在任何区域形成的固有运动（具有最大角运动的），最近的恒星影响最大，然而在形成平均径向运动方面所有的恒星作用相等而与距离无关。然而，迄今所能判明的是，这些差异还不能解释不一致性。博斯排除了亮度低于 $6m.0$ 的恒星，对太阳顶点做了一个附加的测量，结果为：太阳顶点在 *R.A.* 269.9°、*Dec.* +34.6°，位置的结果和主要结果几乎一致。笔者依据双星漂移理论检验了同样的固有运动，采用赋予近距离和远距离两颗恒星同等重量的办法，再次得到位置为 *R.A.* 2699°、*Dec.* +346°，几乎没有明显变化。如此，由固有运动和径向运动所得到的结果之间差异的原因依然不太清楚。

对于博斯的太阳顶点测量一个最令人满意的特点，就是银河不同纬度的恒星所显示出的一致性。如果在太空中不同地方的恒星之间存在任何相对运动，那么预计会根据银河纬度出现区分，下面是博斯给出的银河系高低纬度区域所得结果的对比。

太阳顶点

　　计算得到的区域纬度　　　　　　*R.A.*　　　　　　*Dec.*

$-7\,to\,+7$	269 40′	$+33$ 17′
$-19\,to\,-7,\ +19+7$	270 55′	29 52′
$-42\,to\,-7,\ +42+19$	269 51′	34 18′
$S\,Gal.\,Pole\sim-42,\ N.\,Gal.\,Pole+42$	270 32′	36 27′

这个区别是如此之小，因此我们可以认为它是随机误差。

另外一个对于太空不同地方的比较，可以从两个漂移理论的分析得到结果，它的优点是位置同等地取决于所有的星星，而不是（像在通常方法中）最近的恒星为主导，我们发现——

区域		R. A.	Dec.
极道区 $\begin{cases} D\,Dec.\ +36+6+90 \\ Dec.\ +36-90 \end{cases}$		265.5	$+37.0′$
		269.4	$+36.4′$
赤道区 $-36\,to\,+36$			

由此，根据来自天空的不同区域所确定的顶点位置具有极为令人满意的稳定性。[①] 有关证据还不能确认它取决于恒星星等和光谱类型，有一些迹象表明，对暗星而言，顶点的倾斜有增加的趋势，但这并非是结论性的。在博斯星表目录中星等范围不大，不足以提供更多的信息。迄今为止，反对如下的观点，即不同星等的恒星的顶点有一些变化，正如前面所提到的，亮度高于 $6^m.0$ 给出的结果几乎与得自于所有星表中的结果相同。F. W. 戴森和 W. G. 撒克里从格鲁姆布里奇拱极星表发现——

星等			
m. m.	R. A.	Dec.	恒星数量
1.0 ~ 4.9	245°	$+16°.0$	200
5.0 ~ 5.9	268°	$+27°.0$	454

---

① 在后续的比较中，对跖区域通常被放到一起，在相反的两个半球依然存在不一致的可能性。

6.0 ~ 6.9	278°	+33°.0	1003
7.0 ~ 7.9	280°	+38°.5	1239
8.0 ~ 8.9	272°	+43°.0	911

这表明随着星等减低顶点倾斜稳步增加，然而必须指出，被格鲁姆布里奇拱极星表目录所覆盖的区域对确定顶点倾斜特别的不利。

G. C. 康斯托克已经发现其他指向相同方向的证据，他针对 149 颗九等到十二等恒星测定了太阳运动。由于它们已被测量出微观上作为微弱双星的伴星，但与主星不存在物理连接，因而他能获得这些恒星的固有运动，得到的顶点的位置为 R. A. 300°、Dec. +54°。在更近一些的研究中，同一个作者采用了 479 颗暗星，结果为——

| 星等 | 7m. 0 to 10m. 0 | 顶点 | R. A. 280° Dec. +58° |
| (") | 10m. 0 to 13m. 0 | (") | R. A. 288° Dec. +71° |

这些测定的价值不会很大，但它们倾向于确认随着恒星变暗顶点倾斜加剧。

在更早期的调查中，施通佩和纽科姆对恒星按照星等加以分类。施通佩仅采用大的固有运动的恒星，发现暗星的星等与顶点倾斜存在相当大的对应。另一方面，纽科姆仅采用小的固有运动的恒星，发现它们的倾斜是稳定的。如今我们知道由于星流现象，将一定范围以上或以下的恒星排除在外是不合理的，所以这两个结果相互矛盾也不足为奇。

暗星的固有运动的相对不确定性要求须谨慎对待它的结果，特别是由于恒星的平均距离随昏暗程度增加，平均视差运动变小，在任何区域的偏角系统误差对表观运动有很大影响。这一点尤为严重，原因在于这些研究通常均基于北方的恒星或基于延伸不大的区域。

有相当一致的证据表明，太阳顶点的倾斜在一定程度上取决于恒星的光谱类型，后面的光谱类型更为偏北。在博斯的研究结果中得到如下结果——

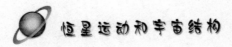

类型	R. A.	Dec.	恒星数量
Oe5－B5	274.4°	+34.9°	490
B8－A4	270.0°	28.3°	1647
A5－F9	265.9°	28.7°	656
G	259.3°	42.3°	444
K	275.4°	40.3°	1227
M	273.6°	38.8°	222

列在后面的 G、K、M 型恒星和排在前面的恒星得到的倾斜显著不同，或者说，如果我们想抛开含有很少恒星的星群的结果——该结果可能会有巨大的偶然误差，并且集中考察 A 型（$B8－A4$）和 K 型恒星，这两类恒星之间结果相差 $12°$ 显然是巨大的。

戴森和撒克里根据格鲁姆布里奇拱极星表所得的结果表明了相同的变化。

类型	太阳顶点		恒星数量
	R. A.	DEC.	
G，A	269°	+23°	1100
F，G，K	273°	37°	866

对于这种关联的其他研究主要取决于包括在 *Boss* 星表目录并用于他的讨论中的恒星。因此，似乎没有必要引用它们。

总结一下我们多得到的结果，似乎我们可以在太空中指定一个点（$R. A270°$，$Dec. +34°$）太阳相对于星系系统的运动指向于此。出于目前未知的某种原因，基于光谱测量的径向速度所确定的点与基于横向运动所确定的店迥然不同，比所提到的点低将近 10。当对天空的不同部分进行检测时，结果一般符合良好，由此在不同的恒星总体上能够有小的相对运动。有一些证据表明，太阳顶点倾斜随所考察的恒星的亮度持续变暗而增加，似乎可以确定的是，星表中后面的光谱类型的倾斜要高于前面的光谱类型。考虑各种原因，由特定星群得到的太阳顶点倾斜（排除偶然误差后）的范围约在＋25°到＋40°之间，赤经以上的变化似乎是微小的和偶然的。

由此太阳沿该方向运动的速度只能通过径向运动测量。从大量的数据中得出的结果是 19.5km/s。

我们过于注意太阳运动的研究，不仅在于其本身的意义，也是因为在对很多分布遥远的恒星研究时，它是一个极为重要的单位。在处理恒星系统时，太阳的年度或者每百年运动是一个比较的自然单位，通常取代地球的轨道半径——地球轨道半径除了对少数离太阳最近的恒星之外太小以致不能采用。由于太阳每年的运动是地球轨道半径的 4 倍，也可以采用 50 年、100 年乃至更长期的运动，因此，它提供了一个比在视差观测中能获得的长得多的基线。能够归因于太阳运动恒星的表观位移被称为"视差运动"，通过确定任意类型恒星的视差运动（以弧度为单位），能够得到它们的平均距离，正如从恒星的年度视差中得到恒星个体的距离。我们不能通过观测得到单个恒星的视差运动，因为它与个体的运动相关。但如果一组恒星对于其他恒星不存在系统的相对运动时，这些个体的运动将在平均运动中抵消。

对从观察中得到的太阳运动的确定理论附加一些注解可能是合适的，通常用于讨论一系列固有运动的方法即所称的 $Airy$ 理论。

以矩形坐标为例，OX 指向春分，OY 指向 $R.A.90°$，OZ 指向北极。视差运动（与太阳运动相反）可以用矢量表示，其分量 X、Y、Z 指向太阳背点。假定 X、Y、Z 以弧度表示，以便与所考察的所有恒星的平均视差相对应的距离来表示视差。

在天空中取一小块区域，在这块区域内的恒星的平均固有表示为 ua 和 ub 分别代表赤经和偏角，然后考虑 X、Y、Z 在该区域的投影，有——

$$-X\sin a + Y\cos a = \mu a$$

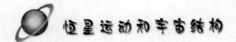

$$-X \cos a \sin \delta - Y \sin a \sin \delta + Z \cos \delta = \mu \delta$$

在此，假设这些恒星的平均距离与静止时相同，并且抵消了它们的个体运动。如果这些假设不能完全满足，偏差可能主要是一个偶然特性。在各个区域应用该方程，则可能得到一个最小二乘法的解以确定 X、Y、Z。太阳背点的赤经和偏角 A，D 可分别给出如下：

$$tanA = Y/X$$

$$tanD = Z/(X2+Y2)$$

在涉及校正岁差常数和运动平分点的条件方程时，附加的条件经常被插入，但这并不是我们这里要关心的，当考虑到沿整个天空恒星均匀分布时，附加条件对结果没有影响。

尽管当我们对一块区域采用平均固有运动以便得到条件方程时这些说法是清晰的，但单独采用每一颗恒星的固有运动也是合理的。很容易看出，两种途径导出的常规方程实际上是相同的。采用平均固有运动时，在天空中更容易也更自然地给予相等的区域相等的权重，而不是根据恒星的数量来加权，这通常是一个优势，此外，数学处理将会缩短。

在 $Airy$ 的方法中有两个弱点：首先，平均固有运动（即如果不是分别在各个区域形成的，事实上由最小二乘法的解得到）通常由一些很大的运动和众多极其微小的运动组成，因此它是一个极为波动的量，考虑或忽略一两个最大运动会导致平均运动产生很大差异。对一个名义上基于 6000 颗恒星的测定，大多数恒星对结果只起到次要的角色，结果的精确性很少与所采用的物质的巨大数量成比例。第二点更为严重，因为它会导致系统误差。我们已经假设，恒星的平均视差在各个区域与整个天空的平均视差，只是由于偶然波动而不同，但事实并不如此，银道面附近的恒星要比银河两极附近恒星的视差系统性要小。

我们通常认为银道面的这种特性可能导致对有限天空讨论所得到的顶点系统误差，也许这一点并不为人所知，即采用整个天空时也会造成误差，看起来似乎值得详细讨论这一点。令人欣慰的是这个误差不是很大，但这几乎不可能被预知。

如果在任何区域的平均视差是整个天空平均视差的 P 倍，那么我们可以把银河纬度的变化设定为：

$$p = 1 + \in p_2 \ (cos\,\theta)$$

其中 θ 为到银河极点的距离，ε 为一系数，并且有：

$$p_2 \ (\mu) = \frac{1}{2} \ (3\mu^2 - 1)$$

我们可以考虑这种情况：我们的观察均匀地延伸至整个天空，条件方程可写作：

$$-Xp\,sin\,a + Yp\,cos\,a \ = \ \mu a$$

$$-Xp\,cos\,a\,sin\delta - Yp\,sin\,a\,sin\delta - Zp\,cos\delta = \mu\delta$$

我们希望重新解释未考虑 p 值的研究者的结果，就像它所做的，我们通过赤经得到常规方程，即：

$$X\Sigma p\,sin^2 a - Y\Sigma p\,sin\,a\,cos\,a = -\Sigma \mu_a sin\,a$$

$$-X\Sigma p\,sin\,a\,cos\,a + Y\Sigma p\,cos^2 a = \Sigma \mu_a cos\,a$$

并从偏角得到：

$$X\Sigma p\,cos^2 a\,sin^2\delta + Y\Sigma p\,sin\,a\,cos\,a\,sin^2\delta - Z\Sigma p\,cos\,a\,sin\delta\,cos\delta =$$
$$-\Sigma \mu\delta cos\,a\,sin\delta$$

$$X\Sigma p\,sin\,a\,cos\,a\,sin^2\delta + Y\Sigma p\,sin^2 a\,sin^2\delta - Z\Sigma p\,sin\,a\,sin\delta\,cos\delta =$$
$$-Z\mu\delta\,sin\,a\,sin\delta$$

$$-X\Sigma p\,cos\,a\,sin\delta - Y\Sigma p\,sin\,a\,sin\delta\,cos\delta + Z\Sigma p\,cos^2\delta = \Sigma \mu\delta\,cos\delta$$

方程联合后成为：

$$X\Sigma p\ (sin^2 a + cos^2 a\,sin^2\delta) \ - \ Y\Sigma p\,sin\,a\,cos\,a\,cos2\delta - Z\Sigma p\,cos\,a$$
$$sin\delta cos\delta = -\Sigma\ (\mu_a\,sin\,a + \mu\delta\,cos\,a\,sin\delta)$$

$$-X\Sigma p\,sin\,a\,cos\,a\,cos^2\delta + Y\Sigma p\ (cos^2 a + sin^2 a\,cos^2\delta) \ - Z\Sigma p\,sin\,a$$

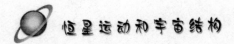

$$sin\delta\ cos\delta=\Sigma\ (\mu_a\ cos\ a-\mu\delta sin\ a\ sin\delta)$$

$$-X\Sigma p\ cos\ a\ sin\delta\ cos\delta-Y\Sigma p\ sin\ a\ sin\delta\ cos\delta+Z\Sigma p\ cos^2\delta=\Sigma\mu\delta\ cos\delta$$

很明显，无论我们解决的是在赤经和偏角，还是在银河系的纬度和经度的固有运动，最小二乘法解没有区别。太阳运动的值是使 $R.A.$ 和 $Dec.$ 残差的平方和最小，必须与银河维度和银河经度上的残差的最小值相同，由此，我们的解决方案是把它看作在银河系的坐标中，尽管实际上它是在赤道坐标系上工作的。

a 和 σ 代表银河系的经度和纬度，因此 X、Y、Z 是矩形银河坐标系中的矢量，我们有：

$$P=1+\frac{1}{2}\in\ (3sin^2\delta-1)$$

整个球体的平均值为：

$$p\ (sin^2a+cos^2asin^2\delta)=\frac{2}{3}+\frac{1}{15}\in$$

$$p\ (cos^2a+sin^2asin^2\delta)=\frac{2}{3}+\frac{1}{15}\in$$

$$pcos^{2\delta}=\frac{2}{3}-\frac{2}{15}\in$$

当沿球体积分时，其他系数就消失了，由此常规方程成为（设 N 为所采用的恒星的总数量）：

$$\frac{2}{3}X\ (1+\frac{1}{10}\in)=-\Sigma\ (\mu_a\ sin\ a+\mu\delta cos\ a\ sin\ \delta)\div N$$

$$\frac{2}{3}Y\ (1+110\in)=\Sigma\ (\mu a\ cos\ a-\mu\delta\ sin\ a\ sin\ \delta)\div N$$

$$\frac{2}{3}Z\ (1-\frac{1}{5}\in)=\Sigma\ (\mu\delta cos\ \delta)\div N$$

而且如果忽略 $P2$ 项所得到的解为 X_0，Y_0，Z_0

$$X\ (1+110\in)=X_0\quad Y\ (1+110\in)=Y_0\quad Z\ (1-15\in)=Z_0$$

银河背点的初始和校正的纬度分别为 $\lambda0$ 和 λ，我们有：

$$tan\,\lambda = \frac{(1+\frac{1}{10}\in)}{(1-\frac{1}{5}\in)}\,tan\lambda$$

此处银河经度不变的。

由此，视差减小对银道面的影响在于使得数值 λ0 小于 λ，未经校正的太阳顶点的位置靠银道面太近。

将 $\lambda_0 = 20°$ 引入，ε 约等于 1/3（即极点的平均视差/银道面的平均视差 ＝8/5），我们得到 λ 等于 $21°57'$，校正仅仅不到 2°。转换到赤道坐标中，校正主要在赤经上，通常的方法给出的赤经大约是 2.4°，误差太大了。

当固有运动仅覆盖了偏角环所限定的区域时，去获得相应的校正极为可行。在这种情形下，我们必须要始终保持这个赤道坐标，把 $P2\,(cos\theta)$ 用 a 和 σ 来表示，所出现的函数 sina、cosa、sinσ、cosσ 的平均值，看在所采用的球体上容易地估计出来。由于数学运算取决于所选择的特定区域，我们将不再深究这个问题。

我们所知道的从固有运动中得到太阳顶点的第二种方法是贝塞尔方法，它已被 H. 科博德采用。每一颗观察到的恒星均沿着天球上巨大的圆形运动，考虑这些巨大圆的极点，如果恒星的运动都收敛于天球上的某一点，那么极点将都沿着相对于该点的巨大圆形赤道分布。恒星向太阳背点移动这一趋势，应该表现为朝着相对于背点的巨大圆形赤道的众多极点，这为通过确定具有最大浓度极点的平面获得太阳运动的方向提供了一种手段。然而值得注意的是，这个方法对恒星沿着巨大圆形轨道运动的两种方式不加区别，两颗恒星沿着完全相反方向运动的两颗恒星具有相同的极点。反对者可能会提出，太阳运动的影响是造成最小数量的恒星向太阳背点移动，太阳运动将被表明为倾向于极点而不是赤道平面的方向。然而，如果恒星个体运动是根据误差法则分布的，我们将会发现这个平面太拥挤远甚于避开它，那么尽管有些不太敏感，但该方法是合理的。但是如果个体的运动遵循其他法则，那么结果可能完全不正确。鉴于对目前两个恒星流的认识，贝塞尔的方法将不再被视为可接受的发现太阳背点的方法，但它具有历史意义，科博德首先用它预示了恒星运动存在特定分布，这是下一章节的主题。

根据径向速度测定太阳运动不存在难度，如果（X、Y、Z）代表线性测量视差运动的向量，每个恒星都会得到一个条件方程：

$$X \cos a \cos \delta + Y \sin a \cos \delta + Z \sin \delta = rad\,ial\ velocity$$

此后进行最小二乘法求解，可把恒星的个体运动视为偶然误差来处理。除了个别结果，对于天空中的一小块面积，在条件方程中采用平均径向速度而不采用个体运动结果可以减少数学运算，实际上，所得到的常规方程并未改变，也并无理论上的优势。

参考文献：

1. Sir W. Herschel, Collected Papers, Vol. 1, p. 108.

2. Boss, Astraon. Journ. , Nos. 612, 614.

3. Campbell, Lick Bulletin, No. 196

4. Eddington, Monthly Notices, Vol. 71, p. 4.

5. Dyson and Thackeray, Monthly Notices, Vol. 65, P. 428.

6. Comstock, Astron. Journ. , No. 591.

7. Comstock, Astron. Journ. , No. 655.

8. Boss, Astron. Journ. , No. 623—624.

9. Kobold, Noca Acta der Kais. Leop. Card. Deutschen Akad. , Vol. 64;

Astr. Nach. , Nos. 3163, 3454, 3591.

参考书目：

以下这些参考文献可作为本章参考文献的补充，由于最近观察数据的改善和对星流认识的理论观点的变化，对这些论文的兴趣如今或许主要是其历史价值了。

Argelander，Memoires persentes a l A cad. des. Sci. ，Paris，Vol. 3，P. 590（1837）．

Bravais，Lioucilles's Journal，Vol. 8（1848）．

Airy，Memoirs R. A. S.，Vol．28，p. 143（1859）．

Stumpe，Astr. Nach.，No. 3000.

Porter，Cincinatti Trans.，No. 12.

L. Struve，Memoires St. Petersbourg，Vol. 35，No. 3；Astr. Nach. Nos. 3729，3816.

Newcomb，Astron. Papers of the American Ephemeris. Vol. 8，Pt. 1.

Kapteyn，Astr，Nach，Nos. 3721，3800，3859.

Boss，Astron，Journal，No. 501.

Weersna，Groningen Publications，No. 21.

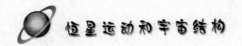

第六章　两个恒星流

所观察的任何恒星的运动都可以看作由两部分组成：其一是把太阳运动看作一个参考点，称为视差运动，其他剩余的部分是恒星的差异运动或个体运动。必须记住的是，这种区别通常对于恒星的实际固有运动是无效的，因为，尽管在线性测量中视差运动已知，但我们还不知道在角度测量时其到底为多少，除非我们知道恒星的距离，这种情形是很少见的。另一方面，如果需要的话，线性测量出的光谱径向速度总是可以与视差运动分离，由于我们对于恒星运动的大部分知识都来自于它的固有运动，我们不可能直接研究恒星的个体运动，而必须从整个运动的统计研究中去推断它们。

在太阳运动的研究中，尽管并非全部，通常都假定恒星的个体运动是随机的。当这些残余运动的分布未知时，我们很自然地如此假设。当然了，当我们考虑将一颗恒星与它相邻恒星隔开的空间是如此广大，在如此巨大的距离上作用的任何引力都将它们微弱时，将一颗恒星的个体运动与其他恒星的个体运动关联起来的任何普遍性的趋势或关系似乎看起来也很不可能。然而许多年前我们已经知道了恒星漂移现象，或如今所称的移动星群。但是，尽管这个偏离了运动随机分布的严格定律的实例一定会被认为是个例外，或许也仅有少数天文学家怀疑该假设事质上是正确的。然而在 1904 年，*J. C.* 卡普坦教授表明，在恒星运动中有一些基本特征，而且它们甚至没有偶然性。这种偏差并不局限于某个特定区域，而是贯穿整个天空，无论是否存在运动统计以便加以校核。

除了在所有方向上运动无差别外，正如分布的随机性所表明的，恒星的运动倾向于沿两个有利的方向，是否消除视差运动无关紧要。当消除视差运动时，沿一个方向运动的倾向会消失，但是向两个方向运动的倾向，只能是恒星个体运动的固有特性。奇怪的是，这种明显的现象一直以来始终被那些研究恒星固有运动的研究者所忽视。但是普通的研究者——在他们的想法中，主要是太阳的运动，作为第一步是从天空中一小块区域的恒星群中采集数据并加以整理，采用平均运动。不幸的是，这更容易隐藏个体运动的任何特点。为表明这一现象，有必要找到体现单独星群运动的统计方法，这可通过以下的方法方便地实现。

固有运动分析

把我们的注意集中于天空的一个有限范围内，以便表观运动实际上投射于一个平面，统计出观察到的沿不同方向运动的恒星的数量。如果我们以 10°为一个步长划分方向，以此下去，我们将得到沿 36 个方向上运动的恒星数目列表，指向方位角 0°、10°、20°、…、350°。

结果可以方便地在一个极坐标图中表示出来，即绘制一条曲线，其半径正比于沿该方向运动的恒星的数量。

在考虑这个实际上来自观察的图表之前，我们来考察一下如果随机运动是正确的话，将得到何种曲线。由于视差运动，该曲线不会是圆的——由于所观察的这些运动都参照于太阳，在恒星个体运动之上都会叠加这个恒星群的总体运动。例如，如果后者的运动向北，显然必将有最大数量的恒星向北移动，而只有最少量的恒星向南移动，下降的数量从北到南是对称的。精确的形式可以根据随机分布假设计算，相较于一般的个体运动，它随着视差运动的幅度而变化。在图6.1所给出的曲线的例子中，可注意到曲线形状对视差速度的微小变化是如何敏感，对于这些图中所表示的系统我们很容易得到一个名字。这些系统中个体运动是偶然的，但该系统整体上相对于太阳运动，我们把这种系统称为漂移。

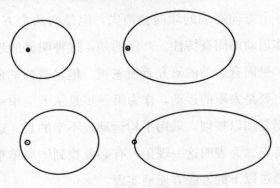

图6.1 简单漂移曲线

在图6.2中举一个所观测到的固有运动分布曲线的代表性例子，它相应于天空中位于 $R.A.14h$ 到 $18h$、$Dec.+38°$ 和 $+70°$ 之间的一个区域，该运动引用戴森和撒克里的格鲁姆布里奇拱极星表目录的新缩略图，其中总结了425颗恒星的运动。很明显，图6.1中简单的漂移曲线与观察到的曲线不相符，它的形状（考虑到原点的位置）是完全不同的。即使用最粗略的方法，理论曲线也没有与其相对应。我们注意到，存在两个最有利的运动方向：星流沿80°和225°，后者的范围更为明显。向这两个方向上移动的恒星的具体数量示于表6-1中的第五列，对于这一部分的天空，这两个最优方向与朝向太阳的背点即205°都不一致。所有恒星的运动都朝向背点，这一点是正确的，但我们也要看到，这只是图中所揭示的两个部分相反星流的数学平均。

按照下面的方法，我们有可能获得一个与图6.2相近的理论值。假设除了迄今所考虑的单一漂移，而是两个星流漂移，其中一个由202颗星组成，以 1.20 的速度①沿方位角 225°方向移动，另一个由 232 颗星组成，它以更小的速度 0.45 沿方位角 80°方向移动，与之相对应的是图 6.3 中的 P 和 Q 曲线。如果这些在天空中看起来都混在一起的话，所得的分布可以由曲线 R 来表示。当然了，每个 R 的半径是由相对应的 P 和 Q 相加而成。如果仔细对比 R 曲线与所观察的曲线，我们可以看到它们极其相似，这些图所表明的数值对比在表 6－1 中给出，它表明把两个理论漂移加在一起，可近似得到所观察到的运动分布。我们不强求得到两种简单的星流漂移详尽地表示实际的分布，但至少可以确定，它代表了它的主要特征，而采用随机运动假设，即便最粗糙的近似由一个简单的漂移也难以得到。

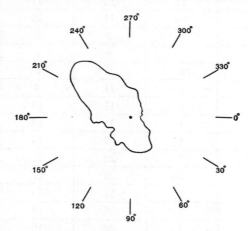

图 6.2　观测到的固有运动分布

（格鲁姆布里奇系列——$R.A.$ 12 月 14^h 至 18^h、$Dec.$ ＋38°至＋70°）

表 6－1　12 月 $R.A.14^h$ 至 18^h、$Dec.$ ＋38°至＋70°区域内的固有运动分析

方位（°）	计算值			观察值	观察值与计算值的偏差
	漂移Ⅰ.	漂移Ⅱ.	合计		
5	0	6	6	4	－2
15	0	7	7	5	－2

---

① 速度单位为 1/h，它与平均个体运动相关，在下一章给出数学理论的定义。

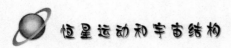

方位（°）	计算值			观察值	观察值与计算值的偏差
	漂移Ⅰ.	漂移Ⅱ.	合计		
25	0	8	8	6	−2
35	0	10	10	9	−1
45	0	11	11	10	−1
55	0	12	12	14	＋2
65	0	12	12	14	＋2
75	0	13	13	14	＋1
85	0	13	13	13	0
95	0	12	12	12	0
105	1	12	13	10	−3
115	1	11	12	11	−1
125	1	10	11	10	−1
135	1	8	9	10	＋1
145	2	7	9	7	−2
155	3	6	9	9	0
165	5	6	11	9	−2
175	7	5	12	14	＋2
185	11	4	15	14	−1
195	15	4	19	16	−3
205	19	3	22	21	−1
215	23	3	26	27	＋1
225	24	3	27	29	＋2
235	23	3	26	26	0
245	19	3	22	19	−3
255	15	3	18	17	−1
265	11	3	14	12	−2
275	7	3	10	11	＋1
285	5	3	8	11	＋3
295	3	3	6	8	＋2
305	2	3	5	7	＋2
315	1	3	4	6	＋2
325	1	4	5	6	＋1
335	1	4	5	5	0
345	1	5	6	5	−1
355	0	6	6	4	−2
合计	202	232	434	425	—

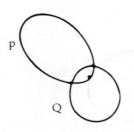
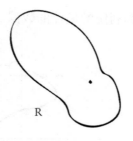

图 6.3 计算得到的固有运动分布

以图 6.4 看另外一个例子，它涉及了天空的不同部分，在此固有运动采用博斯总星表初编。最上面的曲线，有着如此令人感兴趣的外观，它来自于观测到的固有运动，曲线 B 是在随机运动分布假设叠加视差运动后得到最佳近似。应该注意，既然太阳的背点是一个极其确定的点，那么曲线 B 的延伸方向就不是任意的，很有必要画出朝着已知的视差运动方向的指向。曲线 C 是两个星群漂移的近似值，方向我们也不再任意确定，而是从整个天空的总体讨论中推定得到的合适的顶点。很有可能，A 和 C 之间的差异并非纯粹的偶然，至少得承认，尽管曲线 B 与观察到的曲线几乎没有任何相似之处，但曲线 C 重现了星流分布的主要特点，从中我们能够——如果我们选择这样做的话——继续研究细节上的不规则。

前面的例子说明了已成功地用于很大部分天空的分析方法，它包括通常由试差法获得能够给出与实际观测的运动分布符合较好的两种漂移的组合。比较从天空不同部分得出的结果，必须谨记我们所研究的是三维影像的二维投影图，并且图像将随着投影环境的变化而改变。目前可用的最精确的固有运动系列包含在刘易斯·博斯的总星表初编，对从中所得到的全部结果予以检验具有特殊的意义。该目录包含了均匀分布在整个天空中的 6188 颗恒星，实际上几乎包括了到六级的所有星星，那些更暗的恒星看起来具有相当的代表性，而且并没有基于它们固有运动的大小来选择它们。在消除系统误差——这些研究中问题的主要根源原因方面我们已经达到了非常高的水准，但无疑在这个方面仍有改进的可能。毫无疑问，该星表代

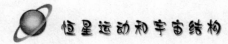

表了目前能够利用的最佳的数据。

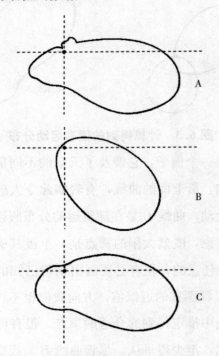

图 6.4 观测的和计算的固有运动分布（*Boss，VIII* 区）

基于各种理由排除了确定的恒星种类①之后，仍有 5322 颗恒星需要研究。天空被分为 17 块区域，每块区域都是由北半球的一块天空块紧凑的碎片和在南半球对跖的一块天空组成。通过这种方法把相反的天空的区域加在一起，使星星的数量翻倍而并未过度增加天空区域，原因在于相反区域投影的情形相同。把区域从 1 到 17 编号，编号 1 是从 *Dec.* ＋70°到极点的圆形面积，编号 2～7 在＋36°到＋70°之间的带状区域，区域中心分别位于 0^h、4^h、8^h、$12h$、$16h$ 及 $20h$；编号 8～17 为 0°到＋36°之间的带状区域，区域中心分别位于 1^h、12^h、3^h、36^h 等（存在北部地区的位置，天空的对跖部分也包括在各种情形之中）。

---

① ① 即猎户座型恒星，移动星群的成员星及双星系统的更暗淡的组星。

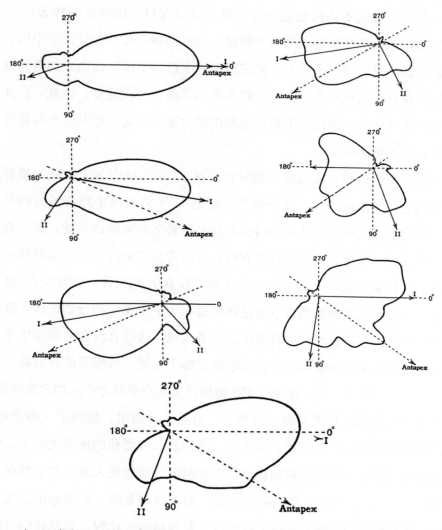

这17中的11块区域在图6.5中给出，箭头标记了背点到太阳运动的背点（R. A. 90.5°，Dec. 34.3°），箭头Ⅰ和Ⅱ指向两个漂移的顶点，得自于讨论中所收集到的结果，我们将看到有强烈的证据表明两个恒星流的存在。沿箭头Ⅰ和Ⅱ方向运动的趋势清晰可见，几乎没有必要再次强调不存在与指向背点箭头的对称单漂移曲线相似，在特定情形下，特别是区域14和16，除了在两个漂移方向上的星流之外，似乎还有一个朝向背点的星流，使该曲线呈现出三处褶皱，形似三叶草。这是我们结论的一个重要特性，但目前我们不去讨论它，以后将会详细探讨。挑选出的代表性的 11 个区域应该最为清晰地表明两个漂移，应该理解，在一部分天空中的投影不能被清晰地分隔。事实上，必定存在一个投影平面，该面上的漂移具有相同的横向运动从而难以区分，而不得不求助于径向速度。由此，在此未表示出的区域内，该现象不那么清晰体现的这一事实，绝对没有弱化有关争议，反而更为确定。

现在我们假设，我们成功地分析了这 17 个区域中每个区域的星群运动得到它们的本征漂移，从而确定天球上 17 个点的两个漂移的方向和速度。如果各个区域的漂移移动与在不同的投影下所见的的系统，那么我们必然发现在一个球体上标出这些方向，它们将会汇聚到一点，这对每一个单独的漂移是正确的，实际上所发现的汇聚点示于图 6.6 和图 6.7。想象天空中一些很大的圆形轨道以及这些轨道在天空中交汇部分的影像，这些大的圆形轨道在这种照片中将显示为一条直线。这些直线在两幅图中予以显示，每条线上所的罗马数字表示它来自哪个区域。每幅图都代表着天空中一块 $60°×30°$ 的面积，这相当于在地球仪上从刚果到地中海的北非区域。每个图的顶点标记是漂移确定的顶点，由数学解确定。根据第一种漂移，方向的收敛性如此明显以致无须置评。由于第二种漂移的速度比较小，它在任何区域的方向都难以精确确定，巨大圆形轨道的更大的误差必然在预料之中。因此，必须认为符合得相当好，第 7 区域是唯一的显示出巨大差异的区域。为评判本图的证据，我们可以和地球做一比较，如果我们所绘制的 17 个点在地球轨道上（大圆）均匀分布，其中每一条都会穿越撒哈拉大沙漠，它们或许被认为是表明交汇的强有力证据，第二种漂移的分布方向也极其类似。

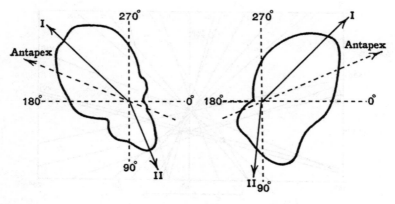

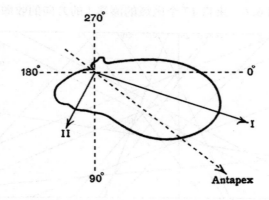

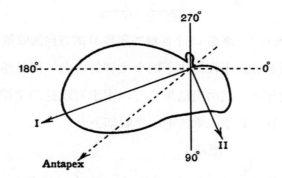

图 6.5 博斯的"总星表初编"的固有运动图

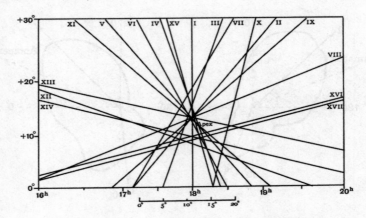

图 6.6　来自 17 个区域的漂移 I 的方向的收敛

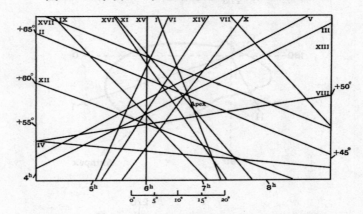

图 6.7　来自 17 个区域的漂移 II 的方向的收敛

对这些区域的分析不仅提供了两个漂移的方向，而且给出了以特定单位表示的它们的速度，这两组结果均可以用于发现这两个漂移运动指向的确定的顶点的位置。最小二乘法的一个解如下[①]：

	漂移 I. Apec.					
	R. A.	Dec.	Speed.	R. A.	Dec.	Speed.
10 处赤道区域	92.4°	−14.1°	1.507	286.5°	−63.6°	0.869

---

① 由整个天球多得到的倾角并不位于两部分倾角之内这个事实看起来矛盾重重，但原因在于由两个部分 Z 分量确定的权重不相等。

7 处极区	89.3°	−16.7°	1.536	289.1°	−63.6°	0.816
整个球体	80.9°	−14.6°	1.516	287.8°	−64.1° *	0.855

速度表示为通常的理论单位：$1/h$。

任何区域的漂移速度（由于短缩）应该随着离开漂移顶点的角位移的正弦而变化，距离顶点 90°时达到最大，在顶点和背点处缩小为 0。随着区域靠近顶点漂移速度逐渐降低，已很好地在观测值中显示，而且正弦规律具有相当的精度。

分析得到的另一个事实是，这些恒星在两个星流中的比例，看起来随着地区不同而有所改变，但平均结果是，第一种漂移占 59.6%，第二种漂移占 40.4%，该比例近乎为 3∶2.

总之，分析博斯的固有运动的结果表明：如果存在两种漂移的话，恒星的运动可以近似表示为两种漂移，那些被我们称作第一种漂移的速度是 1.52 个单位速度，第二种漂移的速度是 0.86 个单位速度。第一种漂移包含了五分之三的恒星，第二种漂移包含了五分之二的恒星，它们的方向倾角为 100°。

我们记得这些运动都是相对于太阳运动测量的，在图 6.8 中，SA 和 SB 代表漂移速度，它们之间夹角为 100°。把 AB 在 C 点分开，使 $AC∶CB=2∶3$，与两种漂移的星星数量的比例相对应。SC 代表所有恒星的质心相对于太阳的运动，相应地 CS 代表太阳运动并指向太阳顶点。AB 和 BA 代表着一个漂移相对于另一个漂移的运动，这条线在天空中指向的点被称为顶点。从上面的数字可以得到位置为：

$$Vertices \cdots\cdots \begin{cases} R.A. \quad 94.2° \quad Dec. \quad +11.9° \\ R.A. \quad 274.2° \quad Dec. \quad -11.9° \end{cases}$$

这两个漂移运动的相对速度为 1.87 个的单位。

值得注意的一个事实是：顶点精确地落在银道面上，由此两个漂移的相对运动精确地与银道面平行。

根据同样编号获得的太阳运动 CS 为 0.91 单位，朝向：

太阳顶点　　　　　*R. A.* 267.3°　　　　*Dec* +36.4°

这一结果可以与 *Boss* 教授对同样的星表采用通常的方法确定值相比：

太阳顶点　　　　　*R. A.* 270.5°　　　　*Dec* +34.3°

二者符合良好这一点饶有兴味，因为二种测定的原理极为不同。此外，在博斯的结果中，固有运动的大小和方向均被用到，而在分析两个漂移理论时只依赖于方向。

既然太阳运动的速度也是用千米1秒来测量的，就为我们提供了把理论单位转化为线性测量的一个方程式。我们知道，0.91 个单位速度等于 19.5 千米/秒，而理论单位速度 1/h 为 21 千米/秒。如果需要的话，我们可以将以前给出的任何速度转换为千米/秒。

从图 6.8 中将会看到，第一种星流漂移 SA 的运动方向相对于视差运动 SC 存在一个相对较小的倾角，但是参照上面的图 10，其运动方向是可以明显区分的。实际上，太阳背点位于图 10 之外，因此很显然，交汇点并非朝向太阳背点，而是指向该点所指示的不同的背点。

当提到恒星而非太阳的质心时，两种漂移的运动，CA 和 CB 看来互相相反。也许很难意识到两个星流运动的倾斜，纯粹取决于所选择的参考点，但这是事实。如果我们在头脑里放弃所有的静止标准，单单思考太空中的两个物体——双星系统，所有已知的是它们沿着一个特定的路线相向或相反运动或互相穿越，交汇之间的区别会直接或者间接地消失。很显然，连接顶点的这条线在星系运动的分布中必定是一个非常重要的基本轴线，它是一个对称轴，沿着该轴，星流存在强烈的沿着某个方向或另一个方向运动的趋势，正是这一观点引发了表示星流现象的替代模式，即 K. 史瓦西的椭圆球理论。

迄今为止，我们已经将恒星分成两个独立的系统，其中一个朝一个方向运动，而另一个沿着对称轴朝着相反的方向运动，但是史瓦西指出，这种分隔对观察到的运动并不必要。足以假定，恒星在与轴线平行的方向比垂直方向具有更大的流动性。当加以仔细考察时，这种区别却有些难以捉摸。可以通过一个类比来解释：考察河流上的船只，一个观察者指出存在沿相反方向运动的两类船只系统，即那些归航的和出航的。另一名观察者不置可否地表示，船只总是沿着溪流（顺流或逆流而行）而非横穿溪流。

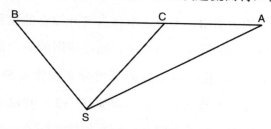

图 6.8　两种漂移速度的分析

这并非是与两漂移和椭圆假设这两个观点不公平的平行认识，其间的差异并不大，而且发现这两种假设意思很接近地表达了恒星的速度法则，但需要辅以不同的数学函数，这将在下一章的数学讨论中予以详细说明。同时我们可以将戴森（Dyson）的话总结为："不应过分强调卡普坦系统的双重性质，把星群分为两类具有偶然性，但重要的结果是星体朝着一个特定的方向或相反方向增加的特定速度增加，正是这种共同的特征而非球状分布特征才是史瓦西表达的实质。"

星流现象（我们所指的是沿两种有利的方向流动的倾向，两种漂移和椭球理论均承认这一点）在可供讨论的所有的固有运动数据中都确定无疑，对于是够可能造假或由于在测量运动过程中存在未知的系统误差等疑问必须给予审慎的关切。对于研究者而言，为自我满足认为这种解释毫无疑问并不难，但给出一个紧凑形式的证据并不容易。我们很高兴能够给出一个看来绝对确凿的证据，戴森对一个世纪其固有运动超过 $20''$ 的星群（总计有 1924 颗星）进行了研究。对此情形，我们处理的并非只能用精细测定所得得到的细小运动，而是易于辨别和校核的巨大运动，这些巨大的运动表现出与博斯星表中所描述的较细小运动相同的现象。事实上，当我们不考虑较细小的运动时，这两个星流会更为明显，但这并不意味着更为遥远的恒星比较近的恒星受到星流的影响较小。可以看到，在一个恒定的距离上，小的固有运动比大的固有运动沿着方位角分布得更为均匀，正是由于这个原因在剔除细小运动时星流现象增强。

　　图 6.9 源于戴森的论文，覆盖了 $R.A. 10^h$ 到 14^h、$Dec. -30°$到$+30°$的区域。每颗恒星的运动用一个点表示，点离开原点的位移代表图中比例尺所表示的一个世纪内的运动。当然了，原点周围的空白部分是由于忽略了小于 $20''$ 的所有运动，我们可以想象那里分布着密密麻麻的点。显然，图中所示的分布，表明大致沿着坐标轴朝向 6^h 和 S 的双星流。从原点出发的单一星流不可能将这些点（恒星）分布得像实际的那样。尽管总体位移是朝向太阳背点（即向右下角），但也伴随着一个沿近乎垂直方向的延伸极广的分布，因此，双星流现象很好地为这些已知的巨大的也最为可信的运动表现出来，因此无须特别精细的观测来判别。

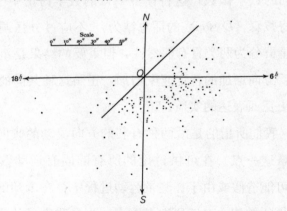

图 13　一大型固有运动分布（戴森）

径向运动

　　毫无疑问，对在星群的横向运动中所发现的这一现象最为满意的确认，是利用光谱测量的径向速度对同一现象进行独立检测。虽然有关径向速度在确定和发表上取得了巨大的进步，但对该问题令人满意的讨论迄未可能。我们应当看到，目前可用的结果与两个星流的假说相当一致，总体上提供了有价值的确认，但在我们能看出两种观测数据之间一致性的精确程度之前，依然需要更多的数据。

在横向运动中，通过考察天空有限区域内的恒星来探测双星流，无须扩大到单一的区域之外——除了在后期需要表明天空的不同部位是一致的。但从径向速度无从得知来自于单个区域的星流，这是一维推测相较于二维方法的一个缺点。从一个区域转换到另一个区域，牵涉到恒星的分布问题，这导致问题复杂化，尤其是必须注意光谱类型。众所周知，银河附近的早期恒星远较其他地方为多，由于这些恒星平均而言，比后期恒星具有较小的残余运动，银道面附近的径向运动将会比两极附近的更小。但应该寻找（位于银道面上的）顶点附近的流星残余的径向速度比其他地方更大的证据，这两种效应是相反的，存在互相掩盖的危险。分别处理不同的恒星类型可以避免这一困难，但如此一来数据将变得相当匮乏。对 A 恒星坎贝尔已经给出了结果，如表 6−2 所示。

表 6−2　银河纬度与卡普坦极点的距离

银河纬度	与卡普坦极点的距离		
	0°～30°	30°～60°	60°～90°
0°～30°	$15\ 9_{33}$	$10\ 3_{33}$	$11\ 7_{35}\ km.\ Persec.$
30°～60°	—	$11\ 2_{46}$	$7\ 6_{36}$
60°～90°	—	—	$9\ 3_{29}$
Mean	$15\ 9_{33}$	$10\ 8_{79}$	$9\ 5_{100}$

注：该表表明恒星数量。

顶点附近的速度增加似乎做了明显的标记，它与横向速度[①]所得到的

---

① 似乎在这一点上有些误解，在第七章中将考虑其数学表达。

结果定量符合得相当好。表中根据银河纬度对结果进行了区分，显示出速度的逐步增加与其无关。

后期光谱类型的径向速度尚未被讨论。

双星流成员星的总体特征

我们现在转而考虑这双星流的恒星之间是否存在任何物理上的差异。平均而言，它们具有相同的星等和光谱类型吗？它们与太阳的距离是否相同，在整个天空中的比例是否相同？不可能用两个漂移理论明确指定每颗星的固有漂移，只能说恒星在确定的方向前进，一定比例的恒星属于漂移 I，其余的属于漂移 II。然而，照此方法在归属接近完成并限制于此，我们有可能选出一个恒星样本，其中 90% 或者更多属于漂移 I，而另外一个样本中的 90% 或者更多属于漂移 II。我们的样品并不如此纯粹，但对于测试两个漂移的成员之间是否有物理差异足够了。

通过尽可能分离漂移，构建了表 6—3 来比较恒星的星等，这些恒星属于 Boss 星表（B 型星未列出）。在 10 个区域中的每个区域都取出数量大致相等的样品，5 个极地区域和 5 个赤道区域的结果在表 6—3 中列出。

最后两列结果很接近，或许注意到漂移 I 中非常明亮的恒星略多，但看来只是一种偶然。

表 6—3

星等	极地区域 I．II．V．VI．& VII.		赤道区域 VII．IX．XII．X．III．& X．V．II		合计	
	Drift I.	*Drift* II.	*Drift* I.	*Drift* II.	*Drift* I.	*Drift* II.
0.0~2.9	16	8	6	4	22	11
3.0~3.9	17	10	10	12	27	22
4.0~4.9	46	52	38	38	84	90

续上表

星等	极地区域 Ⅰ.Ⅱ.Ⅴ.Ⅵ.&Ⅶ.		赤道区域 Ⅶ.Ⅸ.Ⅻ.Ⅹ.Ⅲ.&Ⅹ.Ⅴ.Ⅱ		合计	
	Drift Ⅰ.	*Drift* Ⅱ.	*Drift* Ⅰ.	*Drift* Ⅱ.	*Drift* Ⅰ.	*Drift* Ⅱ.
5.0～5.4	50	52	39	52	89	104
5.4～5.9	99	100	78	68	177	168
6.0～6.4	75	72	75	79	150	151
6.5～6.9	50	59	57	41	107	100
7.0～	44	51	52	49	96	100
Variable	7	2	0	2	7	4
合计	404	405	355	345	759	750

利用格鲁姆布里奇固有运动，可扩展到微暗的恒星进行研究，所得样本结果为：

不同星等的恒星数量									
		0～3.9.	4.0～4.9.	5.0～5.9.	6.0～6.9.	7.0～7.4.	7.5～7.9.	8.0～8.4.	8.5～8.9.	*Total.*
漂移	Ⅰ.	16	29	86	171	136	108	104	51	701
漂移	Ⅱ.	3	23	81	169	125	113	132	61	707

再次注意到漂移Ⅰ中非常明亮的恒星居多，但这在一定程度上是上表恒星的重复出现，而非新的证据。此外，在形成该表的过程中并未排除 B 型恒星，而这些恒星在明亮的恒星中占了很大比例且运动独特。在表的另一个端，漂移Ⅱ中微弱恒星居多，但不是很确定。这令人怀疑，原因在于，在确定最暗的恒星运动的方向时，受到一个大的偶然误差的影响，而这会错误地增加分配给缓慢漂移的恒星的数量。

从上述两个表中得到的主要结论是，构成两个漂移的恒星的星等没有重要的差别。另一方面，例如格鲁姆布里奇和卡林顿星表对暗淡恒星的讨论，比布拉德利和博斯等对较亮恒星的讨论，给出更高比例的恒星属于漂

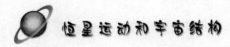

移Ⅱ等事实，有可能对微弱恒星有意义。

可以对光谱类型恒星实施同样的过程，但考虑到晚期和早期恒星类型的个体运动量的已知的差别，这种处理并不令人满意而且对结果的解释也含糊不清。不过我们还是给出了 4 个区域的格鲁姆布里奇拱极星表的结果（见表 6—4）：

表 6—4　4 个区域的格鲁姆布里奇拱极里表的结果

区域	漂移Ⅰ.			漂移Ⅱ.		
	恒星数量（类型Ⅰ）	恒星数量（类型Ⅱ）	类型Ⅱ恒星百分比%	恒星数量（类型Ⅰ）	恒星数量（类型Ⅱ）	类型Ⅱ恒星百分比%
A	61	66	52	36	70	66
B	95	35	27	61	45	42
C	61	23	27	16	16	50
G	58	39	40	41	39	49

对每种情形，漂移Ⅱ中类型Ⅱ（晚期类型）所占的比例均比漂移Ⅰ的要高，但仍需对此表谨慎解释，它可能是由于不同类型恒星的星流运动分量之间的差异。我们不知道不同漂移的光谱分布是否不同，或漂移运动的光谱类型是否不同。此事依然悬而未决，但是，我们至少知道恒星的类型和运动之间存在显著的关系，不能忽略第二种可能性。

保守的结论是，早期和晚期的恒星类型存在于所有的星流之中，但是，晚期类型的恒星在漂移Ⅱ中所占的比例高于漂移Ⅰ。

两个星流的距离

确定两个星流在空间上是否真正交汇最为重要，例如，有可能其中一个星流由一簇围绕太阳的恒星构成，它相对于构成其他星流的恒星的背景运动。在星等和漂移之间，没有任何明显的相关性使这一假设成为不可能，原因在于如此将与其背景恒星的亮度平均暗于较近的星群。然而，可以通过用固有运动的量级来测量两个漂移的距离的方法更明确地解决这个问题。迄今为止，我们只利用了运动的方向而没有考虑运动的大小，今后必须把运动大小考虑在内。

用 d_1 和 d_2 表示两个漂移各自的平均距离[①]，如果这些都已知，理论（详见第七章）上我们能够计算出恒星沿任何方向移动的平均固有运动。以图 14 为例，它表示的是格鲁姆布里奇拱极星表的一个区域[②]。绘制曲线以便沿任何方向的半径矢量表示沿相应方向的固有运动，利用通常的方法首次发现漂移速度和以速度云顶的恒星的数目。我们可以用任何假设 d_1 和 d_2 值绘制理论平均固有运动曲线，给出了两条曲线，即 $d_1 = d_2$ 和 $d_1 = 12d_2$。第一条曲线 A 有轻微的双叶倾向，亦即半径矢量沿两个方向最大，但将看到，平均固有运动曲线并非双星流存在的一个非常敏感的指标，这对我们目前的研究目的没有影响。曲线的上部主要来自星流 II 的恒星，下部主要来源于星流 I。如果我们降低星流 I 的平均距离而增加星流 II 的距离，曲线的下部将会扩张，上部收缩，此即曲线 B 所表示的现象。

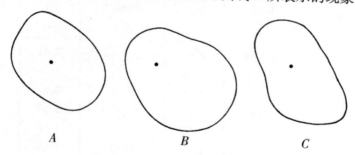

图 6.10 平均固有运动曲线

A. 理论分布——平均距离相同的两个星流。

B. 理论分布——第二个星流的距离为第一个星流的 2 倍。

---

① 除非规定恒星系统的平均速度表示调和平均距离或相应于平均视差的距离。

② 该区域为限制区域 G，参见 Monthly Notices，Vol. 67，p. 52.

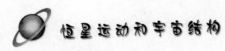
C. 观测的分布。

其余曲线表示观测结果。我们特意选择了一个包含大量恒星（767 颗）的区域，以便观测曲线足够平滑，但是平均固有运动通常易于产生较大的偶然波动，因此，我们不必期望它会与理论非常接近。我们将会注意到，C 曲线比理论曲线具有更明显的双叶倾向，两个星流比预期的更为明显。这种现象不仅出现在这个特定的例子中，在格鲁姆布里奇拱极星表的所有类型运动中都有。它表明，我们的两个漂移分析尚未成功地给出所有事实的解释（椭球假设在这方面同样失败了），仍未找到失败的确切意义，我们除了关注一个突出的差异而外无计可施。

曲线 A 和曲线 C 的形状差别对照起来有一定的难度，但能够看出，指向距离大致相等的两个漂移的两叶的比例，并没有太大差别，如曲线 B 所示，不存在一叶明显扩大而另一叶明显收缩。d_1 和 d_2 的值，可以利用最小二乘法进行严格的数学求解，区域（G）和它的 6 个区域的结果在表6—5中给出。

表 6—5 区域（G）及其 6 个区域的结果

区域	区域范围		漂移 I.		漂移 I.	
	Dec. N. (°)	R. A. (h)	$\frac{1}{hd_1}$ ('')	分解误差 ('')	$\frac{1}{hd_2}$ ('')	分解误差 ('')
A	70~90	0~24	2.96	±0.07	3.41	±0.13
B	38~70	22~2	2.45	0.07	2.40	0.11
C	38~70	2~6	2.39	0.08	2.65	0.12
D	38~70	6~10	3.35	0.12	3.23	0.21
E	38~70	10~14	3.65	0.14	4.78	0.29
F	38~70	14~18	3.74	0.23	4.15	0.31
G	38~70	18~22	2.77	0.16	2.55	0.18

$\frac{1}{hd_1}$ 和 $\frac{1}{hd_1}$ 的数值为平均视差乘以一个大约为 450 的系数，然而，由于一些大规模的固有运动被排除在外（占每个漂移的比例相同），其绝对视差没有明确的意义，比率才有意义。

表 6－6　第 10° 扇面内恒星的数量及其平均因有运动

方位（°）	恒星数量	平均每年固有运动	
		观测值（″）	计算值（″）
0	94	12.73	12.61
10	90	12.20	12.61
20	88	11.15	12.54
30	66	10.27	12.32
40	79	10.56	11.45
50	50	8.92	10.51
60	41	9.49	9.35
70	34	8.82	8.99
80	33	10.00	8.91
90	30	11.19	9.13
100	25	10.85	9.35
110	33	11.24	9.57
120	34	8.74	9.57
130	36	8.98	9.35
140	50	9.09	9.35
150	25	9.56	8.99
160	32	8.90	8.55
170	13	7.05	8.12
180	10		
190	6		
200	7		
210	4		
220	1		
230	4	5.98	6.23
240	6		
250	9		
260	10		
270	8		
280	6		
290	4	6.42	6.09
300	20	7.33	6.88
310	10	7.83	8.05
320	14	9.17	9.20
330	26	10.40	10.15
340	44	11.27	11.16
350	80	12.46	12.03

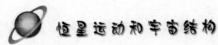

表 6-5 显示，在每个区域内，两个漂移都有几乎相同的平均距离，只有一种情况除外，在 E 区存在明显的差异，甚至二者的比例达到约 4：3，致使需要一个非常可观的两组恒星的混杂。此外，区域 E 中所包含的恒星比所有其他区域都少，因此，该结果是不确定的。因此，有必要将这两个星流视为完全混合星系，并抛弃任何认为它们在相同视线一前一后的假设。

表 6-5 还显示了不同地区之间平均距离的变化，这些变化大于漂移 I 与漂移 II 之间的变化。发现这种变化伴随着恒星的银河纬度而变化，它源于这样的事实：当我们接近银道面时，看到大量的更遥远的恒星。由于两种漂移均表现出这种持续的变化，因而这些遥远的恒星必定平均归属于各个漂移。

根据博斯星表，新近更精确的固有运动也得到了一个相似的结论。为了获得足够数量的恒星，我们集合了之前划分的 8、12、13 和 17 等区域，并考虑包含两个对跖区域、每个区域约为 70°见方的大片区域。该区域属于高银纬区，所以固有运动相对较大，区域中心离所有顶点都近似于 90°，该区域的广阔比天空的其他部分危害要小，区域内包含 1122 颗恒星。

表 6-6 的第二列给出了每 10°扇面内恒星的数量，第三列给出这些恒星的平均固有运动。为了消除轻微的不规则运动，这些平均值都取自重叠的 30°扇面。第四列给出了根据已知的漂移速度和相对比例计算得到的固有运动均值，这里假设它们具有相同的平均距离，由于在 175°和 285°之间的方向上移动的恒星数量太少不能给出可信的各个平均固有运动，所以将它们组合一起算出一个平均值。

相应的极坐标图示于图 6.11，二者符合相当好。但在以前的情形下，两个漂移的观测曲线比理论曲线显得更陡，显然，我们对于两个漂移的距离相等的假设不能太离谱。通过最小二乘法严格求解结果为：

$$For\ Drift\ \ \text{I}. \cdots \frac{1}{hd} = 6'' \cdot 94 \pm 0'' \cdot 10\ per\ century$$

$$Drift\ \text{II} . r \frac{1}{hd} = 7'' \cdot 38 \pm 0'' \cdot 17$$

或者，采用所发现的 $1/h$ 单位，即 21 千米每秒，平均视差为：漂移 I．…　$0'' \cdot 0156 \pm 0 \cdot 00023$

漂移 ent $0''.0166 \pm 0''.00038$

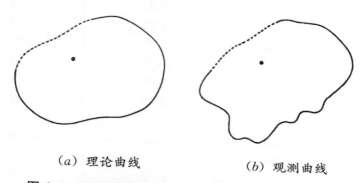

（a）理论曲线　　　　　　（b）观测曲线

图 6.11　平均固有运动曲线（博斯星表目录的区域）

关于在天空的所有部分的混合比例是否保持相同的不同观点已有人提出，我们关心的不是局部的不规则，而是一种漂移是否在天空的一个半球或一带占据优势这种趋势，看来得认可在数量和银河纬度之间没有系统性的关联，从博斯星表目录分析得到的表 6－7 清晰地表明了这一点。个体的不规则可能部分真实、部分是固有运动的数据不足或误差的结果，但不存在系统性的演化。如上所述，这些区域包括两个对跖的区域，因此，结果不允许我们检测天空的两个半球之间是否存在差别。根据 S. 啥夫和 J. 哈姆的结果，两半球之间存在相当大的差异。根据关于恒星径向速度的讨论，他们推断漂移II的恒星都集中在指向点（$R.A.\ 324°$，$Dec.\ 12°$）的半球。漂移II的密度范围还不能确定，但显然相当大，一个极点处的恒星数量相当于另一个极点处的 2～3 倍，这个结果至少部分取决于恒星系统的表观膨胀或者正的径向速度相对于负径向速度的超出。目前的超出更一般地归因于某些特殊类型恒星的径向速度上存在的系统误差，可能是由于谱线压力转移，因此，结果本身不可信，有关角运动的分析确认了这个总体结论。

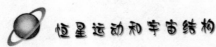

表6-7　博斯里表区域的恒星数量和银纬

博斯星表区域	恒星数量	星流Ⅱ：星流Ⅰ之心	银纬（°）
Ⅲ	304	0.60	1
Ⅹ	356	0.66	1
Ⅶ	448	0.87	9
Ⅱ	354	0.48	12
ⅩⅥ	311	0.68	14
ⅩⅤ	285	0.71	17
Ⅰ	371	0.60	27
Ⅸ	275	0.75	29
ⅩⅠ	365	0.42	31
Ⅳ	294	0.87	33
ⅩⅦ	245	0.77	37
Ⅷ	308	0.67	44
Ⅵ	294	0.52	46
ⅩⅣ	259	0.68	48
ⅩⅡ	342	0.64	61
Ⅴ	274	1.03	66
ⅩⅢ	237	0.59	78

　　同一作者从布拉德利的固有运动考察中，发现了漂移Ⅱ的最大密度，大致处于 $E.A.$ 的 $0''$ 的位置，并且向南方可能是南银极点倾斜。他们进一步表明，这种分布上的不相等，可以用来完全解释纽科姆在讨论岁差常数时发现的某些异常的现象，即发现赤经和赤纬结果的差异，以及赤经的平均固有运动上的以12小时计的残余——$0''50$，$cos\ cos\ 2a$。哈姆最近的研究采用更复杂的三漂移假说，他的结果（基于现有的博斯固有运动）依然表明漂移Ⅱ的恒星显著占优，指向 $22h$，这与他以往的结论总体一致。

　　总结这里讨论的两个星流的恒星的分布和特点，我们可以认为，总体上混合物是相当完备的，所发现的这类差异很难确切解释，易于受到固有运动上的小的系统误差的影响。在大多数情形下，几乎仍不可能区分漂移的比例和它们的速度之间的差异。漂移Ⅱ中晚期光谱类型恒星占优，且在南半银河系中漂移Ⅱ恒星的相对过剩是所发现的最重要的差异，但有迹象表明，对统计结果的这种粗略的解释，不足以描述恒星系统的不同部分和不同类别恒星复杂的运动分布。

对双星系统的认识有望对早期测定太阳运动的分歧带来一些曙光，这方面研究最著名的当推 H. 科博德，事实上他这些认识带到了对恒星的系统运动的局部认识。科博德采用贝塞尔方法发现太阳位置处于 $(R.A. 269°，Dec. -3°)$，与公认的位置相差至少 35°，我们已经证明贝塞尔方法本质上非常依赖于基本上符合误差法则的恒星的个体运动，如今这已被证实是错误的，所得到的位置与真正的顶点大相径庭毫不奇怪。可以看到，若非太阳运动，贝塞尔方法可以给出对顶点极为灵敏的测定，相较于最高点它更适合确定顶点。科博德所发现的点确实与两个漂移或椭球假设的顶点相当接近，太阳运动的存在所产生的偏差只有几度。还可以用另一个视角看待这个问题，应用贝塞尔方法确定太阳运动时，只发现了连接顶点和背点的线，且未指明何者为顶点。如果有两个漂移，我们可能期望科博德确定的线是对两个漂移线的一种加权平均，事实确实如此。但科博德线自然而然地位于漂移轴之间的锐角范围，而太阳运动则是位于漂移轴之间的钝角范围的另一种平均。

早期测定太阳顶点时，必须分别考虑不同大小限制之间的固有运动，发现顶点的降低总是随着固有运动幅度的增加而下降。这很容易由两漂移理论加以解释，因为漂移 I 相对于太阳具有很大的速度，属于漂移 I 的恒星比漂移 II 有较大的平均固有运动，由此所讨论的运动越大，漂移 I 恒星所占的比例也越大，所得到的顶点越靠近漂移 I 的顶点。

类似地，后一类型恒星的太阳最高的较大降低可归因于后一类型中漂移 II 比例的增加，漂移 II 中微弱恒星顶点的较大降低与微弱恒星增加的比例相对应（均来自对观测值的有所存疑的推论）。

三漂移假说

根据前述的两个漂移和椭球假设的关系，可以理解除了恒星运动实际规律的近似表达，我们并不认为分析给出了更多的东西，其重要性在于，它考虑到了显然是分布的显著特征的那些方面。然而已经发现能够探测到一种系统偏差，所有这些假设均难以考虑，我们确实准备好向第二种近似理论迈进一步。通过比较观察到的分布与利用两漂移或椭球形理论计算得到的分布，发现总有一些额外（超量）的恒星向太阳背点移动，这在博斯的恒星固有运动图中（实际上格鲁姆布里奇固有运动图也如是）显示为一个粗略向背点方向的凸起。笔者将其归因于第三个小星流，它没有其他两个大的漂移重要。但哈尔姆表明，最好基于三漂移运动假设再行分析。据他表示，存在第三种漂移，即漂移 O，它实际上在空间中静止，因此处于原来的两个漂移中间。将第三漂移引入分析，一些最初属于漂移 I 和漂移 II 恒星自然地被重新分组到漂移 O，前两个漂移的成员略有调整。漂移 I 尤为如此，它几乎与漂移 O 朝同一方向移动，新漂移的形成主要以牺牲漂移 I 为代价。

通过观察区域 14 和区域 16（图 6.5 的 IX 和 X），或许可以知道哈尔姆对此现象的解释是正确的。在大多数情形下，漂移 I 和漂移 O 有很大重叠，以至它们几乎形同一个漂移，仅仅在朝向背点的曲线上的一个小小的凸起暴露出二重性。第 14 区和 16 区为两个方向更为开放的区域，在这些区域具有同等意义的三种不同的星流得以清晰显现。谨记，只有在这两个区域，我们可以认为漂移 I 和漂移 O 是真正独立的，三漂移假说的证据变得很确凿，此外，哈尔姆所提出的第三漂移不足以解释这些特点，而是因为它似乎需要调和来自天球不同部分的结果。

对两漂移和三漂移假设，或者毋宁说两种一脉相承（先后）的近似可做如下比较：图 6.12 中的线 CS 代表着太阳运动，它在每种情形下都相同。在第一个图中我们有：星流 I 包含 $\frac{3}{5}$ 的恒星，星流 II 包含 $\frac{2}{5}$ 的恒星，它们相对于太阳的运动为 SA 和 SB。由于 C 是全部物质的中心，故 CB：$CA = 2 : 3$，CA、CB 是不计太阳运动时两个星流的运动。在第二个图中，我们将恒星重新分组为三个大致相等的星流，它们相对于太阳的运动用 SA''、SB''、SC'' 表示，它们的绝对运动是 CA'、CB' 和零，这里的 CA' 约等于 CB'。显然，$A'B'$ 也必然大于 AB，为了消除 A 和 B 中运动缓慢的成员以形成 C，我们增加了其余成员的相对平均速度。

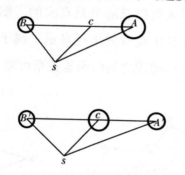

图 6.12　双星流和三星流理论的对比

第三漂移的恒星具有很少或不存在平均相对运动，实践中它可能会被认为在空间静止。这是猎户座型的显著特征，在研究两个恒星流时通常将其从数据中去除，因为它们不参与漂移运动。[①] 很自然地把漂移 O 与猎户座恒星关联起来，因为它们具有相同的运动特性，但还不是很清楚它们之间的关系有多接近。哈尔姆对博斯星表的固有运动所确定的三漂流结果

[①]　笔者在有关博斯总星表初编中的研究中排除了猎户座恒星，但并不是出于这个原因——当初并不知道这个原因。它们形成不明确的运动星簇是主因；此外，那些未包括在星簇中的恒星的运动极其微小，因此运动方向不能精确确定，据推测把它们排除在外将改善结果的数值（每月通讯第 71 期，p.40）。

如下：

| 顶点 | | |
R. A.	DEC.	Speed.
漂移 I	90°	0°	$hV=1.5$
漂移 II	270°	−49°	$hV=0.9$
漂移 O	90°	−36°	$hV=1.5$

循着通过漂移 O 和猎户座恒星之间的类比，哈姆假设它们内部的运动比其他漂移小，因此，上面给出的速度用不同的单位 h' 来衡量。

三漂移分析要确定的额外常数，使个别区域的结果变得很不确定，发现漂移中恒星的相对比例产生了很大变化，这些都是由于分析的不确定性所导致的部分意外，但无疑仍有部分是真实的。图 6.13 显示恒星在不同赤纬沿赤道的分布，从 S 中提取的半径显示了属于该漂移的恒星的数量。漂移 O 和明亮恒星的古尔德带之间的明显关系可能是由于，许多最明亮的恒星属于猎户座型。

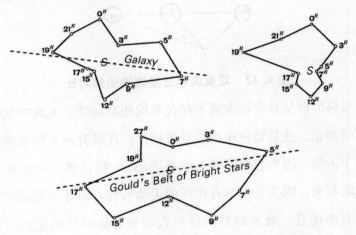

图 6.13 沿赤道的漂移分布（哈尔姆）

依循我们考虑另外两种假设所采用的态度，就可以把三漂移理论仅仅作为恒星运动分布的一种分析总结，而对三种独立系统的物理存在不做任何假设，然而漂移 O 具有一个重要性质，使得漂移 O 似乎不仅仅是一个数学抽象。我们已经看到猎户座型所有的恒星似乎都归属于它，而不是其他的两个漂移。除此之外它确实还含有其他类型的恒星，这在任何角度看并不独特。但是，它应该包含对应于真实物理系统的整个一类光谱型似乎表明，它对应于一些真实的物理系统，从而将其置于一个与其他两个漂移有些不同的情形，对此我们至今都未能找到除运动而外任何明确的特点。

图6－8　参考文献及相关信息（1）

参考文献	所用的星表或数据	研究者	顶点		假设
			°	°	
1	奥喔斯·布拉德利	卡普坦	91	＋13	双星流
2	奥喔斯·布拉德利	鲁道夫	96	＋7	椭球体
3	奥喔斯·布拉德利	哈夫·哈姆	90	＋8	双漂移
4	格龙布里奇	埃顶顿	95	＋3	双漂移
5	格龙布里奇	施瓦茨希尔德	93	＋6	椭球体
6	博斯	埃顶顿	94	＋12	普遍氏
7	博斯	查理	103	＋19	椭球体
8	黄道十二宫	埃顶顿	109	＋6	双漂移
9	大型固有运动	戴森	88	＋21	双漂移
10	大型固有运动	别拉夫斯	86	＋24	椭球体
11	径向速度	哈夫·哈姆	88	＋27	双漂移
12	博斯	博斯	Not	given	双星流
13	暗淡恒星	康斯托克	87	＋28	椭球体

考虑到这些方面，可以注意到文献7中所用的方法对最近处的恒星考虑的最多，因此，文献7、9和10主要是指最接近我们系统的恒星。由于所采用的分析不能严格适用于大型固有运动的恒星，文献10有些试探性质，文献8所用的数据可能受到系统误差的干扰。如果计入目前确信在测定猎户座恒星的径向速度时存在的系统误差，文献11的结果可能需要修正。

表6—9 参考文献及相关信息（2）

参考文献	星表目录	研究者	漂移I. R. A. ∘∘	漂移I. Dec. ∘	漂移II R. A. ∘	漂移II Dec. ∘
1	奥喔斯·布拉德利	卡普坦	85	—11	260	—48
3	奥喔斯·布拉德利	哈夫·哈姆	87	—13	276	—41
4	格龙布里奇	埃顶顿	90	—19	292	—58
6	博斯	埃顶顿	91	—15	288	—64
12	博斯	博斯	96	—8	290	—54
9	大型固有运动	戴森	93	—7	246	—46

两个漂移相对于太阳的速度结果为：

No. 3……ratio 3∶2

No. 4……1. 7 and 0. 5

No. 6……1. 52 and 0. 86

No. 9……Ratio 3∶2

史瓦西椭球的短轴与长轴的比值测定结果为：

No. 2……0. 56

No. 5……0. 63

No. 7……0. 51

No. 10……0. 47

No. 13……0. 62

第七章 双星流的数学理论

在第六章中我们描述了这两个恒星流的主要研究结果，现在我们应当考虑研究中使用的分析方法。

双漂移假设

假设天空的一个区域足够小可以被视为平面，来考虑投影于其上的恒星运动。假设有一个恒星漂移，即一个系统，其个体运动是随机的，但它作为一个整体相对于太阳运动，我们把它认为是随机的数学等价物，根据麦克斯威定律的速度分布，在 $\{u, v\}$ 和 $\{u + du, v + dv\}$ 之间做线性运动的恒星数目为：

$$\frac{Nh^2}{\pi}e^{-h^2(u^2+v^2)}du\,dv$$

为证明该关系，可以指出麦斯威是唯一的各个方向的频率都相同的方法，同时 X 和 Y 速度分量之间没有相关性。还有其他的法则也可沿任意方向随机运动，但这些法则中速度分量 u 的预测会随其他分量 v 的值而变化，例如，根据公式 $e^{-h\sqrt{(u^2+v^2)}}$，大的速度分量 v 可能会伴随大的速度分量 u。我们目前不关心恒星运动遵循何种法则，它是一个动态问题，我们宁可选择一个用于比较运动的实际分布的准则，而该准则应尽可能简单。大 v 值可能与大 u 值相关并非绝无可能，但是，果真如此的话，我们应该发现，它是一个简单假设的偏差而不是隐匿于最初的公式里。在寻找恒星速度未知的规律时，我们尽可自由地采取所乐意的任何比较标准，但显然麦斯威法则最为适合，因为它是对于绝对混沌运动状态的最为可能的方法。

频率法则：$\dfrac{Nh^2}{\pi} e^{-h^2(u^2+v^2)} du\, dv$

在此，N 代表所考察的恒星的总数量，h 是取决于平均个体运动的常数，h 与（三维）平均速度 Ω 有关：

$$\Omega = \frac{1}{h}\sqrt{\frac{\pi}{4}}$$

令：

V＝漂移沿 X 轴的速度

r＝恒星的合速度

θ＝合速度的方位角或与 OX 的夹角

（以上速度是线速度不是角速度）

从而有：

$$u^2 + v^2 = r^2 + V^2 - 2Vr\cos\theta$$

$$du\, dv = r\, dr\, d\theta.$$

因此在 θ 和 $\theta + d\theta$ 之间的合运动数目为：

$$N\frac{h^2}{\pi}d\theta \int_0^\infty e^{-h(r^2+V^2-2Vr\cos\theta)} r\, dr$$

令：

$$x = h\,(r - V\cos\theta)$$

$$\tau = hV\cos\theta$$

常数 N 为：

$$\frac{N}{\pi}e^{-h^2v^2}d\theta\, e^{\tau^2}\int_{-\tau}^{\infty}e^{-x^2(x+\tau)}dx$$

$$=\frac{N}{\pi}e^{-h^2v^2}d\theta\,\left\{\frac{1}{2}+\tau e^{\tau 2}\int_{-\tau}^{\infty}e^{-x^2}dx\right\}$$

写作：

$$f(\tau)=\frac{2}{\sqrt{\pi}}\left\{\frac{1}{2}+\tau e^{\tau 2}\int_{-\infty}^{\tau}e^{-x^2}dx\right\}$$

表 7-1 给出了 $\log f(\tau)$ 的值。

表 7-1　函数 $f(\tau)$ 的值

γ.	$\log f(\gamma)$.	γ.	$\log f(\gamma)$.	γ.	$\log f(\gamma)$.	γ.	$\log f(\gamma)$.
-1.2	$\bar{1}.0411$	-0.3	$\bar{1}.5363$	0.5	0.1876	1.3	1.1520
-1.1	$\bar{1}.0874$	-0.2	$\bar{1}.6046$	0.6	0.2866	1.4	1.3003
-1.0	$\bar{1}.1355$	-0.1	$\bar{1}.6763$	0.7	0.3947	1.5	1.4555
-0.9	$\bar{1}.1856$	0.0	$\bar{1}.7514$	0.8	0.5016	1.6	1.6177
-0.8	$\bar{1}.2378$	0.1	$\bar{1}.8303$	0.9	0.6232	1.7	1.7871
-0.7	$\bar{1}.2923$	0.2	$\bar{1}.9131$	1.0	0.7461	1.8	1.9637
-0.6	$\bar{1}.3493$	0.3	$\bar{1}.0001$	1.1	0.8751	1.9	2.1478
-0.5	$\bar{1}.4098$	0.4	$\bar{1}.0916$	1.2	1.0103	2.0	2.3393
-0.4	$\bar{1}.4711$						

对单一的漂移，沿任何一个方向 θ 运动的恒星数量都与 $f(hv\cos\theta)$ 成正比，前所讨论的理论单一漂移曲线的公式如下：

$$r\infty(\int hV\cos\theta)$$

通常的分析方法是将两个不同方向的曲线结合，通过试差法调整各种参数，直到获得与观测结果接近的满意值。已得到了确定双漂移公式的数学方法：

$$r=a_1 f(hV_1\cos\overline{\theta\theta-_1})+a_2 f(hV_2\cos\overline{\theta\theta-_2})$$

该公式不依靠试差法，它最能代表观测值，相当适合格鲁姆布里奇区域，该区域的恒星数量非常庞大，然而，它并不值得推荐。对分布是否对应于两个漂移，自动给出某类回答的一个力学方法，并非一个简单的合成过程。

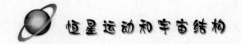

椭球假设

我们已经看到，星流现象的主要事实是，星流沿着某一条线比沿垂直方向具有更大的流动性。K. 史瓦西通过假定个体运动依照修正麦克斯韦规律分布，描述了该移动现象：

$$e- k^2 u^2 - h^2\ (v^2+w^2)$$

其中，k 小于 h，速度分量 u 的平均值比分量 v 和 w 大。

对两维情形，令个体运动处于 $\{u,\ v\}$ 和 $\{u+du,\ v+dv\}$ 之间的恒星数目为：

$$\frac{Nhk}{\pi}e^{-k^2 u^2 - h^2 v^2}\ du\,dv$$

使整个系统的视差运动分量为 $(U，V)$，视差运动不总是沿最大流动性轴 OX，r、θ 是一个恒星合速度的大小和方向。

$$k^2 u^2 + h^2 v^2 = k^2\ (r\cos\theta- u)^2 + h^2\ (r\sin\theta- v)^2$$

$$du\,dv = r\,dr\,d\theta$$

在 $\theta+\ d\theta$ 之间运动的恒星数目为：

$$\frac{Nhk}{\pi}d\theta \int_0^\infty rdr\ e^{-r^2(k^2\cos^2\theta + h^2\sin^2\theta) + 2r(k^2 u\cos\theta+h^2 v\sin\theta)-k^2 u^2 -h^2 v^2}$$

令：

$$p=k^2\cos^2\theta+h^2\sin^2\theta$$

$$\xi=\frac{k^2 U\cos\theta+h^2 V\sin\theta}{\sqrt{p}}$$

$$x =r\sqrt{p}-\xi$$

恒星数量成为：

$$\frac{Nhk}{\pi}d\theta\ e^{-k^2 U^2 -h^2 V^2} \int_0^\infty e^{-p r^2 + 2\xi r\sqrt{p}}\ rdr$$

$$= \frac{Nhk}{\pi} d\theta \, e^{-k^2 U^2 - h^2 V^2} \, e \frac{\xi 2}{p} \int_{-\infty}^{\xi} e^{-x} \, (x+\xi) \, dx$$

积分得到与之前相同的 f 函数，沿任意方向移动的恒星数量与 $\frac{1}{p} f(\xi)$ 成正比。

进一步考察表明，配极曲线 $r = \frac{1}{p} f(\xi)$ 是很好地表示的一条双漂移曲线。ζ 是接近视差运动 $\{u, v\}$ 方向的最大值和相反方向的最小值，这同样适用于 $f(\zeta)$。这一因素单独给出的曲线与单一的漂移曲线相差不大，但因子 $1/p$ 对应于长轴沿着 Ox 的椭圆，它扭曲了单漂移曲线，沿着 Oy 收缩、沿着 Ox 伸长，结果通常得到一个双叶曲线。

可以简单关注一下确定椭球分布常数以便符合观测结果的方法。[1] 如果我们认为恒星朝一个 θ 方向移动或朝相反方向 $180° + \theta$ 移动，两个方向的 p 相同，ζ 简单地改变符号，由此朝这些方向移动恒星的数量之比为 $\frac{f(\xi)}{f(-\xi)}$，我们构造了表 7-2（以对数形式更便于内插）。

表7-2 椭球理论的辅助函数

ξ	$\log \dfrac{f(\xi)}{f(-\xi)}$	ξ	$\log \dfrac{f(\xi)}{f(-\xi)}$
0.0	0.000		
0.1	0.154	0.5	0.779
0.2	0.309	0.6	0.939
0.3	0.464	0.7	1.102
0.4	0.620	0.8	1.268

这样就能够从观察中得到 ζ，并且可以通过下面的公式得到 p。

恒星数量 $= \frac{1}{p} f(\xi)$

---

① 我对史瓦西的过程略作修改以便确保与双漂移分析相关。

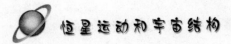

如果我们取 θ 方向的半径 $r_1 = \dfrac{1}{\sqrt{p}}$ 和 $r_2 = \xi\sqrt{p}$，r_1 将给出一个椭圆轨迹：

$$k^2 r_1^2 \cos^2\theta + h^2 r_1^2 \sin^2\theta = 1$$

$r2$ 则给出一条直线：$r_2 = k^2 u \cos\theta + h^2 v \sin\theta$

通过各自的位点 $k2$、$h2$ 绘制最佳椭圆和直线，很容易地得到 u 和 v，也能确定最大流动性的方向，此即上述椭圆的长轴。

表 7-3　椭球和双漂移假设与观测结果的对比

方向	恒星数量			方向	恒星数量		
	观测值	椭球体假设	双漂流假设		观测值	椭球体假设	双漂流假设
5	4	5	6				
15	5	6	7				
25	6	7	8	205	21	22	22
35	9	9	10	215	27	25	26
45	10	11	11	225	29	26	27
55	14	12	12	235	26	27	26
65	14	13	12	245	19	23	22
75	14	14	13	255	17	18	18
85	13	13	13	265	12	14	14
95	12	13	12	275	11	10	10
105	10	12	13	285	11	8	8
115	11	11	12	295	8	6	6
125	10	10	11	305	7	5	5
135	10	10	9	315	6	5	4
145	7	10	9	325	6	4	5
155	9	11	9	335	5	4	5
165	9	12	11	345	5	5	5
175	14	14	12	355	4	5	6
185	14	16	15				
195	16	19	19				

史瓦西给出了一个得到这些常数指的精致的直接方法，然而，它作为

自动确定两个星流常数的方法受到了同样的异议。如果完整使用这些方法，事后检验它与原始观测是否接近就极为必要，我经常发现它们非常具有误导性。

史瓦西极为成功地运用椭球假设，用于分析格鲁姆布里奇拱极星表恒星的固有运动。作为一个例子，我们来考察双漂移理论里已经考虑的 $R.A.\ 14h$ 到 $18h$，$Dec.\ +38°$ 到 $70°$ 的区域。表 $7-3$ 给出了两个假设与观测值的对比，两种假设仅在两行数据中的差别多于一个单位。　　　虽然这两个假说对所考虑的方向给出了极为近似的运动分布，但可以想象，如果计入运动大小，这种相似可能不复存在。但不难看出，只要两个漂移的恒星数目近似相等，尽管要辅以不同的数学函数，在大多数方面，这两个方法对线速度的表达非常相似。史瓦西的方法在某些方面与将两个相等的交叉球体以一个椭球体代替相似，如果我们有两个相同的漂移，它们相对于整体的质心的速度为 $+v$ 和 $-v$，与速度 $(u,\ v)$ 的频率正比于：

$$e^{-h^2\{(u-V)^2+v^2\}}+e^{-h^2\{(u+V)^2+v^2\}}$$

或写成：$e^{-h^2(u^2+v^2)}cosh\ (2h^2Vu)$

椭球法则可以写为：$e^{-h^2(u^2+v^2)}\cdot e^{(h^2-k^2)}u^2$

表 7—4　两种漂移和椭球假设的比较

u 分量（km/s）	频率		二者差异
	双漂移假设	椭球体假设	
0	1.055	1.160	
10	1.099	1.066	+0.105
20	1.000	0.828	−0.033
30	0.618	0.544	−0.172
40	0.237	0.302	+0.065
50	0.056	0.141	+0.085
60	0.008	0.056	+0.048
70	0.001	0.019	+0.018

由此，这两个法则的差异由 $\cosh au$ 和 $e\beta u2$ 函数的不同确定，这些函数具有普遍的相似性。

用于两种法则均给出相同的 v 分量分布，我们可专注于 u 分量，用一个典型例子来比较不同的公式（与实际观测大致相似）：取 $hv=0.8$，$\frac{k}{h}=0.58$，$\frac{1}{h}=20$ 千米每秒。

两条曲线如图 7.1 所示。

虽然它们看起来整体相似，但差异总体上不可忽略，特别是椭球法则给出相当多的大速度，就此而言，它可能更符合观测结果。与简单的误差法比较，两漂移法则给出了极小和极大运动的缺失，这种现象有时被称为一个负过量。

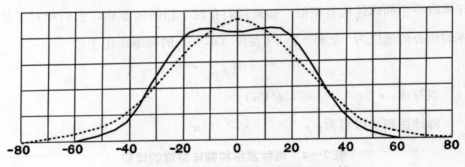

图 7.1　双漂移理论和椭球假设的比较

实线：双漂移理论　虚线：椭球体理论

进一步注意到，虽然在所给的例子中，两个漂移分布的频率在原点 $u=0$ 处略显下凹，在 hv 值相当小时这种下凹消失，分布情形符合椭球分布，在原点处具有最大值。

当不再限制这两个漂移恒星数目必须相同时，椭球假设就不能与两个漂移假说如此接近。纵向对称性不复存在，所以椭圆不合适表示分布频率。双漂移理论带有一个额外的自由常数，能够很好地表示观测值，我们已经看到：格鲁姆布里奇固有运动能够被恒星数目近似相等的双漂移理论表示，也可以由具有精度几乎相同的椭球分布代替，博斯固有运动要求比例为 3：2 的混合漂移。椭球假设不能适应这种偏斜，相应地也无法表达观测值。出于这个原因，难以用史瓦西理论对新近观测到的固有运动进行分析。[①] 另一方面，该理论的主要教义仍然存在，即分为两个漂移只是一个数学的过程，有可能将速度的分布作为一个整体。

天空不同区域结果的组合

利用两漂移理论的程序很简单，令一个漂移的空间速度分量为 X_1、Y_1、Z_1，速度单位为通用单位 $1/h$；v_1 和 θ_1 为其速度和方位角，根据中心为 (α, δ) 的区域确定。对各个区域，得到 X_1、Y_1、$Z1$ 的状态方程。

$$v_1 \sin \theta_1 = -X_1 \sin \alpha + Y_1 \cos \alpha$$

$$v_1 \cos \theta_1 = -X_1 \cos \alpha \sin \delta - Y \sin \alpha \sin \delta + Z_1 \cos \delta$$

根据椭球假设，每个区域都可以发现太阳运动的投影，其结果可以相同的方式组合，但椭球常数的组合是一个更为复杂的问题。

虽然在日常应用中只考虑一个球体，考虑一个具有三个不等轴的椭球体是有用的。对于任何直角坐标轴，椭球速度是：

$$au^2 + bv^2 + cw^2 + 2fvw + 2gwu + 2huv = 1$$

由此个体运动速度介于 (u, v, w) 和 $(u + du, v + dv, w + dw)$ 之间的恒星数目正比于：$e - (au2 + bv2 + cw2 + 2fvw + 2gwu + 2huv) \, du \, dv \, dw.$

以 w 方向为视线，为了获得投射速度 (u, v) 的分布，我们必须将上式对 w 从 $-\infty$ 到 $+\infty$ 范围内进行积分，结果为：

---

① C.V.L. 查理已经发展了椭球理论的一种普遍化形式，允许考虑偏斜，但查理的方法需要对恒星在空间的分布进行假设。

$$exp-\{au^2+bv^2+2huv-\frac{(fv+cgu)^2}{e}\}\cdot du\ dv\int_{-\infty}^\infty exp-c$$

$$(\frac{w+fv+gu}{e})^2.dw.$$

积分结果为一常数：$\sqrt{\frac{\pi}{c}}$

由此相对于速度椭圆的投影速度为：

$$au^2+bv^2+2huv-\frac{(fv+gu)^2}{c}=1$$

现在改椭圆是与 w 轴平行的圆柱的右半部分，它与椭球体因此预期速度相当于椭球速度，现在这个椭圆是与 w 轴平行的圆柱的右半部分，它穿过椭球 $au^2+bv^2+cw^2+2fvw+2gwu+2huc=1$ 与平面 $w=-\frac{fv+gu}{c}$ 的交汇点。

后者是与 w 轴共轭的径向平面，因此，该圆柱是包络圆柱。

由此，任何区域的速度椭圆仅仅是在相应方向的无限远处，所观察的速度椭球的轮廓，当然了，这个轮廓不能与不同椭圆的横截面混淆。

将速度椭球转变成主轴 $\frac{u^2}{a^2}+\frac{v^2}{b^2}+\frac{w^2}{c^2}=1$

视线朝向 (l,m,n)，包络圆柱体（即速度椭圆）的轴长度为：

$$\frac{l^2}{a^2-r^2}+\frac{m^2}{b^2-r^2}+\frac{n^2}{c^2-r^2}$$

这些轴的方向比为：$\frac{l}{a^2-r^2}:\frac{m}{b^2-r^2}:\frac{n}{c^2-r^2}$

可以注意到，天空中将有 4 个点所组成的速度椭圆是圆形的，其投影的运动将有偶然性。当椭球成为球体时，这些点与轴的两个端点合并，亦即合并为顶点。

一般情况下，三不等轴的椭圆体很有意义，因为它使我们认识到，银河平面的运动与星流的轴运动之间有特殊的关系。恒星表现出平行于银河系运动的一些倾向，这一事实由科博德给出，近年来径向速度的研究也指出了这一点。由于恒星系统朝向银道面变得十分平坦，这一结果与运动和分布自然相关。但星流的调查表明，总的趋势并不总是与银河平行而是与其中的一个特定方向平行。与银河系是否有其他残余关系是饶有兴趣的事情，在此并未涉及。我们可以在分析具有三个不等轴的速度椭球的基础上来检验，并注意这两个较小的轴是否表明彼此相等。但和以前相同，困难在于椭球假设对博斯固有运动不能给出合理的表述，不过，相当肯定的是，对球体的偏差必须非常轻微，源于径向运动的证据（见表 7－5）也表明这一点。

将速度椭球看作一个区域的扁长球体 $k_1{}^2 u^2 + h_1{}^2 \ (v^2 + w^2) = 1$ 和速度椭圆，其中心与顶点的角距离 x 为：

$$k^2 u^2 + h^2 v^2 = 1$$

由于速度椭圆是椭球体的表面轮廓，我们得到：

$$\frac{1}{2k} = \frac{cos^2 x}{k_1{}^2} + \frac{sin^2 x}{h_1{}^2}$$

并令：

$$h = h_1$$

可得：

$$\left(\frac{h^2}{k^2} - 1\right) = \left(\frac{h_1{}^2}{k_1{}^2} - 1\right) cos^2 x$$

因此，速度椭圆的最短轴 $1/h$ 在整个天空均相同，最后一个方程表示长轴的变化，长轴也沿大圆指向顶点。

平均固有运动

第六章用平均固有运动确定两个漂移的平均距离，已有可能沿不同方向从固有运动开始而不必用简单的频率，作为数据用于展示和分析星流现象之目的。但是，对于艾里发现太阳运动的方法，除了其不太敏感以外，还存有异议：平均运动可能主要取决于一些少数特别大的值，并极易受到偶然波动的影响，使用固有运动的频率可以获得更为平滑的结果，而且正如我们要避免过于重视最近处的恒星，该结果更能代表恒星整体。因此，最好保留平均固有运动，以便得到难以从频率推导得到的新的信息。

我们看到，椭球假设中在 θ 和 $(\theta + d\theta)$ 之间方向的恒星数量为：

$$\frac{e\xi^2}{p} \int_{-\xi}^{\infty} e^{-x^2} \ (x+\xi) \ dx$$

因此 x 的平均值为：

$$\overline{x} = \int_{-\xi}^{\infty} e^{-x^2} \ (x^2+x\xi) \ dx \div \int_{-\xi}^{\infty} e^{-x^2} \ (x+\xi) \ dx$$

表达式的数学算符为：

$$-\frac{1}{2} \int_{-\xi}^{\infty} \ (x+\xi) \ d \ (e^{-x^2})$$

$$= -\frac{1}{2} \left[\ (x + \xi) \ e^{-x^2} \right]_{-\xi}^{\infty} + \frac{1}{2} \int_{-\xi}^{\infty} e^{-x^2} dx$$

积分部分在两端均消失，可以得到：

$$\overline{x} = \frac{\dfrac{1}{2} e^{\xi^2} \int_{-\xi}^{\infty} e^{-x^2} dx}{\dfrac{1}{2} + \xi e^{\xi^2} \int_{-\xi}^{\infty} e^{-x^2} dx}$$

$$= \frac{f \ (\xi) \ - \dfrac{1}{\sqrt{\pi}}}{2\xi f \ (\xi)}$$

但 $g \ (\xi) = \dfrac{f \ (\xi) \ - \dfrac{1}{\pi}}{2\xi f \ (\xi)} + \xi$

因此，如果 $g \ (\xi) = \dfrac{f \ (\xi) \ - \dfrac{1}{\pi}}{2\xi f \ (\xi)} + \xi$，则在任意方向的平均线性运动为：

$$\bar{r}=\frac{1}{\sqrt{p}}g\ (\ \xi\ )$$

对于简单的漂移 $\sqrt{p}$ 减少为 h，ξ 减少为 $hV\cos\theta$，可得平均线性运动为：

$$\bar{r}=\frac{1}{h}g\ (hV\cos\theta)$$

g 的值由表 7－5 给出。

表 7－5 函数 $g\ (\tau)$ 的值

γ	$g\ (\gamma)$	γ	$g\ (\gamma)$	γ	$g\ (\gamma)$
－1.0	0.565	－0.1	0.845	0.8	1.315
－0.9	0.589	0.0	0.886	0.9	1.381
－0.8	0.614	0.1	0.930	1.0	1.449
－0.7	0.641	0.2	0.977	1.1	1.520
－0.6	0.670	0.3	1.027	1.2	1.594
－0.5	0.701	0.4	1.079	1.3	1.669
－0.4	0.734	0.5	1.134	1.4	1.747
－0.3	0.768	0.6	1.191	1.5	1.827
－0.2	0.805	0.7	1.252	1.6	1.908

为了确定两个漂移之间的距离，条件方程中符号的意义为：$\bar{r}$ 为沿 θ 方向的平均固有运动；

d_1、d_2 代表两个漂移的恒星之间未知的平均距离（即相应于平均视差的距离）；

n_1、n_2 代表沿 θ 方向移动的两个漂移的恒星的数量，它们在前述"运动方向"部分的分析中确定；

V_1、θ_1，V_2、θ_2 代表漂移运动的速度和方向。

从而：

$$\overline{n_1+n_2}\bar{r}=n_1 g\ (hV_1\cos\overline{\theta-\theta_1})\ \frac{1}{hd_1}+n_2 g\ (hV_2\cos\overline{\theta-\theta_2})\ \frac{1}{hd_2}$$

对连续的 θ 值得到这些条件方程，我们看通过最小二乘法求得 $\frac{1}{hd_1}$

和 $\dfrac{1}{hd_2}$。

在椭球假设中只需处理一个未知数，恒星之间的平均距离 d，可以由条件方程求得。

θ 方向的平均固有运动 $\theta = \dfrac{d}{1} \cdot \dfrac{1}{\sqrt{p}} g\ (\xi)$。

或者平均固有运动可以像频率一样用于影响椭圆常数的独立确定，辅以下原理后一种程序将得到简化：

如果在 θ 方向取一个半径，大小为 θ 方向以及相反方向的固有运动之间的几何平均值，该半径可以描绘速度椭圆（误差范围很小）。

在 θ 和 $\theta+180°$ 之间的平均固有运动分别为：

$$\dfrac{1}{\sqrt{p}}g\ (\xi)\ \text{和}\ \dfrac{1}{\sqrt{p}}g\ (-\xi)$$

现在 ξ 绝不会同太阳运动与速度椭球的短轴一样大，事实上 0.5 大约为上限，但允许足够的范围可以取 1.0，由表 7—5 得到：

$$\text{对}\ \xi = \begin{cases} 0.0 \\ 0.5 \\ 1.0 \end{cases} \quad g\ (\xi)\ g\ (-\xi) = \begin{cases} 0.8862 \\ 0.8914 \\ 0.9049 \end{cases}$$

如此一来，$g\ (\xi)\ g\ (-\xi)$ 可被视为常数，在极端的情形下误差不大于 1/50，平均固有运动的几何平均值与 $\dfrac{1}{\sqrt{p}}$ 成正比，它是相应方向上的速度椭圆半径。

该原理为寻找天空中任何部分的速度椭圆提供了简短的方法，前提是需要相当大数量的固有运动观测结果。然而它的缺点是：在一些方向上通常只有极少的恒星运动，因此，我们需要取两个数值的几何平均，其中一个要确定性很差，而另一个过度确定。对格里布鲁奇星表目录中的众多恒星运动，该方法被证实令人满意，其结果与从固有运动的简单频率所推得的结果很接近（见表 7—6）。

表7-6 格里布鲁奇固有运动

区域	恒星数量	极点速度—椭球之比	
		平均固有运动	固有运动效率
A	585	0.59	0.59
B	862	0.56	0.58
C	516	0.76	0.70
D	443	0.82	0.81
E	385	0.65	0.72
F	425	0.53	0.61
G	1103	0.66	0.72

径向运动——双漂移假设

现在来考虑研究径向运动所必须的公式的发展，径向运动与横向运动的不同，体现在以下两个方面：①横向运动允许人们比较天空中同一区域上的两个相垂直的运动，但要从径向运动获得速度分布形式，则需要对不同区域内的结果进行比较。这显然是一个缺点，因为它引入银河系和非银河系恒星之间、局部漂移之间等方面的复杂性。②结果得自于线性测量而不依赖于恒星的距离。

总体假设认为，径向运动已修正了太阳运动的影响，并且参照的是系统的质心。

沿两个天顶附近的优选运动的影响表现在径向速度平均而言，在天顶附近要比天空的其他位置上的速度要大，可参见表6-2所示。

首先考察双漂移理论，假设 V_1、V_2 分别为两个漂移的速度，参照系为整个系统的中心。a 和（$1-a$）分别代表恒星在两个漂移中的比例，则有：

$$aV_1 = (1-a)V_2$$

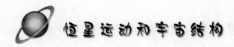

不考虑符号问题，对星流Ⅰ顶点附近的平均径向速度可表示如下：

$$\frac{h}{\sqrt{\pi}} \int_{-}^{\infty} V_1 e^{-h^2 v^2} (V_1+v) \, dv - \frac{h}{\sqrt{\pi}} \int_{-\infty}^{-v_1} e^{-h_2 v_2} (V_1+v) \, dv$$

$$= \frac{2hV_1}{\sqrt{\pi}} \int_{0}^{V_1} e^{-h^2 v^2} dv + \frac{e^{-h^2 V_1^2}}{h\sqrt{\pi}}$$

在与顶点成直角的径向平均速度可用下式表示：

$$\frac{1}{h\sqrt{\pi}}$$

由此对双星流而言，顶点的平均径向速度与偏离顶点 90° 的区域的径向速度的比例为：

$$a \left\{ 2hV_1 \int_{0}^{hV_1} e^{-x^2 dx + e^{-h^2 V_1^2}} \right\} + (1-a) \left\{ 2hV_2 \int_{0}^{hV_2} e^{-x^2 dx + e^{-h^2 V_2^2}} \right\}$$

如果使用博斯星表目录的分析结果，我们可以设：

$$hV_1^a = \frac{0.6}{} \qquad 1-a = 0.4$$
$$= 0.75 \qquad hV_2 = 1.12$$

该比例为 1.727。在表 6—2 中平均观测比例计算如下：

$$\frac{15.9 km. \, per \, sec}{9.5 km. \, per \, sec} = 1.68$$

考虑到在如此大的一个范围内进行计算，这些结果还是非常精确的，但这些结果确实第一眼看上去并不是那么令人满意，因为表 6—2 中的恒星都是 A 类星，这类恒星都有着很强的星流，而且毫无疑问的是，如果单独采用 A 类恒星考虑横向运动，会得到较高的 hV_1 和 hV_2 值。根据 H. A. 维尔斯马的理论，A 型星的漂移速度如下：

$$hV_1 = 0.92 \qquad hV_2 = 1.37$$

然而概率误差接近 10%，这些数字导致该比例变为 2.02，考虑到 A 型星观测的比率和星流常数的不确定性，在 1.68～2.02 之间的差别范围并不过大。

径向运动——椭球体假设

一般来说，史瓦西的椭球体假设对径向运动的数学讨论最为方便，首要的问题是要获得天空的特定点处沿速度椭球轴的径向速度分布。必须要注意的是，任何方向的速度分量分布绝不会与整体速度在该方向上的分布相同。

假设以主轴为参照的速度椭球为：

$$\frac{u^2}{a^2}+\frac{v^2}{b^2}+\frac{w^2}{c^2}=1$$

然后让视线沿 (l, m, n) 的方向。

将椭球参照 3 个共轭直径，其中两个共轭直径 a'、b' 处于与 (l, m, n) 相垂直的平面，椭球方程可以写作：

$$\frac{u'^2}{a'^2}+\frac{v'^2}{b'^2}+\frac{w'^2}{c'^2}=1$$

而且倾斜速度分量 w 的正比于：

$$e^{-w'^2/c'^2}dw'$$

如果现在 V 是沿视线方向上的直角速度分量，p 与视线法线上的切向平面的垂线

$$\frac{V}{w'}=\frac{p}{c'}$$

因此，分量 V 在 (l, m, n) 方向的频率与下式成正比：

$$e^{-V^2/p^2}dV$$

展开后可得：

$$e^{-V^2/(a^2l^2+b^2m^2+c^2n^2)}dV$$

除数是相切平面的垂线的这个事实，与在二维平面上椭圆速度是切柱

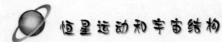

面右边部分的结论十分相似。

为了从一系列径向速测量值中确定径向速度，首先假设观测在天空中近似均匀分布，依据前文所述 V^2 的平均值在天空中的任何部分都正比于 $(a^2 l^2 + b^2 m^2 + c^2 n^2)$，或者对于更一般的轴，与一个在 (l, m, n) 方向上的第二等级的相似表达 E 成正比。

到目前为止，从数据观察中所得到的系数如下：

$$\begin{cases} A = \sum V^2 l^2 & F = \sum V^2 mn \\ B = \sum V^2 m^2 & G = \sum V^2 nl \\ C = \sum V^2 n^2 & H = \sum V^2 lm \end{cases}$$

则有：

$$A\lambda^2 + B\mu^2 + C\upsilon^2 + 2F\mu\upsilon + 2G\upsilon\lambda + 2H\lambda\mu$$
$$= \sum V^2 (l\lambda + m\mu + n\upsilon)^2$$
$$= \sum E (l\lambda + m\mu + n\upsilon)^2$$

最后一个表达式是关于法线为 $(\lambda\mu\upsilon)$ 的平面的 $r^2 = E$[①] 的表面的惯性矩的表述。

这个表面不是速度椭球，实际上它根本不是一个椭球，它是倒易椭球的反转，但很显然，它与速度椭球有着相同的主平面，因此，速度椭球的那些轴的方向是该表面的惯量椭圆，形如二次曲面：

$$A\lambda^2 + B\mu^2 + C\upsilon^2 + 2F\mu\upsilon + 2G\upsilon\lambda + 2H\lambda\mu = 1$$

这些轴可由方向比值给出：

$$\frac{1}{GH-F\ (A-K)} : \frac{1}{EF-G\ (B-k)} : \frac{1}{FG-\ H\ (C-k)}$$

其中 k 的值为下述三次判别式的三个连续根：

$$\begin{vmatrix} A-k & H & G \\ H & B-k & F \\ G & F & C-k \end{vmatrix} = 0$$

---

① 物质被假定随固体角按比例分布，或更严格地说，正比于径向速度的观测数量。

由于表面 $r^2 = E$ 和 $r^2 = \sqrt{E}$ 具有相同的主平面，我们可以使用 $|V|$ 来代替 V^2 去构建系数，从而：

$$A = \sum |V| l^2, \quad F = \sum |V| mn, \quad etc$$

这个过程可能更可取，因为调整速度夸大了一些特殊速度的影响，正如通过观测值来获得平均误差的过程中，使用不考虑符号的简单平均残差要好于使用平均方差。[1]

当观测的径向速度在天空中不均匀分布时，问题就变得更为复杂，但要获得必要的公式并没有大的困难。

观测误差的影响

在确定固有运动的偶然误差时，必须注意沿不同方向运动的恒星的数量星等，而且要注意排除星流所导致的分布的特殊性，结果，所得到的双漂移的速度可能会太小。对该效应大小的一个近似计算，可通过考虑所有恒星到太阳的距离都相等这一简单情形来进行。对此情形，固有运动的偶然误差会作为线性运动的偶然误差（乘以一个常数）再次出现。如果把一个直线运动 u 的分量的真实频率写作如下形式：

$$\frac{h}{\sqrt{\pi}} e^{-h^2 u^2} \, du$$

那么频率误差 x 的频率可表示为：

$$\frac{k}{\sqrt{\pi}} e^{-k^2 x^2} \, dx$$

直线运动 u 的表观频率可表达如下：

$$du \int_{-\infty}^{\infty} \frac{h}{\sqrt{\pi}} e^{-h^2 (u-x)^2} \cdot \frac{k}{\sqrt{\pi}} e^{-k^2 x^2} \, dx$$

---

① 这与大多数教科书的建议相反，但其能够证实是正确的。

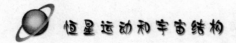

$$= \frac{du}{\sqrt{\pi}} \cdot \int_{-\infty}^{\infty} \frac{hk}{\sqrt{\pi}} e^{-(h^2+k^2)x^2+2h^2ux-h^2u^2} dx$$

$$= \frac{du}{\sqrt{\pi}} e^{\frac{h^4}{h^2+k^2}u^2} \cdot \frac{hk}{\sqrt{\pi}} \int_{-\infty}^{\infty} e^{-(h^2+k^2)} \left(x - \frac{h^u}{h^{2+k^2}}\right)^2 dx$$

$$= \frac{hk}{\sqrt{(h^2+k^2)}} \cdot \frac{1}{\sqrt{\pi}} e^{-\frac{h^2k^2}{h^2+k^2}u^2} du$$

由此一个含有常数 h 的真实频率分布就被一个含有常数 $h1$ 的表观分布所代替：

$$\frac{1}{h_1^2} = \frac{1}{h^2} + \frac{1}{k^2}$$

为了应用这个公式，我们可以使用从多个区域获得的 $\frac{1}{hd}$ 测定值。

因此，从格鲁姆布里奇拱极星表目录里选取区域 B，获得 $\frac{1}{hd}$ 的测定值：

$$\frac{1}{hd} = 2.4'' / 世纪。$$

格鲁姆布里奇固有运动的可能偶然误差大约为 $0.7''/$世纪，因此，有：

$$\frac{0.477}{k} = \frac{0.7''}{2.4''} \times \frac{1}{h}$$

$$\frac{1}{k} = \frac{0.61}{h}$$

$$\frac{1}{h_1^2} = \frac{1 + (0.61)^2}{h_2}$$

$$\frac{1}{h_1} = \frac{1.17}{h}$$

对于区域 B，所得到的漂移速度必须要提高到原来的 $\frac{7}{6}$。

对于博斯固有运动而言，修正就不那么重要了，对上述讨论过的大区域：

$$\frac{1}{hd} = 7.2'' / 世纪$$

博斯天体运动的偶然误差为 $0.55''/世纪$。

$$\frac{0.477}{k} = \frac{0.55}{7.2} \times \frac{1}{h}$$

$$\frac{1}{k} = \frac{0.160}{h}$$

$$\frac{1}{h_1} = \frac{1.013}{h}$$

它的修正只有约百分之一。

假设恒星间的距离都相等与实际相差很远，而且从结果上来看，这里所做的修正均很粗糙，但是这个计算结果足以证明，当运动很小且不好确定时，偶然误差的影响可能相当显著。

对于可能的系统误差，最重要的是那些由采用了岁差常数引起的误差和采用二分点运动所产生的误差。前者会导致一个围绕黄极的明显的恒星系统旋转，后者会导致一个围绕赤极的旋转。除了从星球运动的讨论之外，目前还没有任何办法可以确定岁差常数，但通过对太阳运动观测结果的讨论，可以确定二分点的运动。恒星与太阳的相对作用如何，也是一个需要分别考虑的问题，关于这两个常数的已知测定还要依赖于随机速度原理，如果在整个天空中，两个星流的混合速度和混合比例不是很确定的话，那么在两星流理论中要想求解十分困难，且在一定程度上不确定。相同的困难发生在定义太阳运动的岁差常数上，但此时这个问题是个实际问题而非一个哲学问题。[①] 实际上，在合理的范围内所观察到的运动有多少被归为上述参考轴的旋转，又有多少运动被归为天体本身，存在很大随意性，唯一的指南就是残余恒星的运动应遵循一个尽可能简单的法则，但是

---

① 在动力学上，我们精确地知道绝对转动的意思，尽管我们可能并不具备足够的技巧确定它，绝对评议甚至不能被定义。

当肯定不存在一个确实简单的法则时，就不具备进行分析描述和应用的条件。一旦随机运动假说不成立，那么岁差常数只能得出一个近似值，且没有一种合适的方法去改进它。[1]

赫格和哈姆所做的研究，为星流和岁差常数之间的关系带来了重要的曙光。他们指出，在天空中不同部分，两个漂移混合的不均匀解释了以往岁差研究中的不一致，但是这项研究看来并未找到确定更始（denovo）常数的任何方法。

考虑到获得岁差常数的精确值实际上不可能，所以在求解的过程中有一个重要的优点可用于避免由此所导致的系统误差，当我们把天空中的两个对跖区域合在一起处理时可做到这一点，原因在于两处区域内的岁差误差将会朝向（空间中）两个相反的方向，且它们对平均结果的影响将会被完全或部分消除。

麦克斯韦法则

麦克斯韦法则或误差法则在双漂移理论和椭圆理论的分析中都起到重要作用，目前现有的径向速度测定使得我们能够直接测定星簇运动在何等程度上服从这一特殊的法则。

对于 A 型恒星，表 7—7 通过误差法则比较了径向运动（已做了太阳运动修正）的实际分布，为了消除星流的大部分影响，40 个临近天顶附近的恒星没有计入。

---

① 从据信处于随机运动的猎户座型恒星所确定的岁差常数引起人们的兴趣，但在分布和占优的移动星簇上的不均匀却使之变得困难。

表 7—7　A 型恒星的径向运动

速度范围（km/s）	恒星数量	
	误差范围	观测值
0.0~4.95	53.4	55
4.95~9.95	46.2	47
9.95~15.95	38.3	30
15.95~25.5	27.4	30
25.5~40	6.7	10
40~	0.2	0

与此相似，在表 7—8 中给出了 II 型和 III 型（F5~M）的径向运动分布，所观测的速度分布取自坎布尔给出的一个表。仍无法考虑星流的影响，但这种影响不像对 A 型恒星的较小的运动影响那么大。

对 A 型恒星而言，所观测到的速度分布与误差法分析得到的速度分布吻合很好。对 F5~M 型恒星而言，表 7—8 显示相关性并不是好，所观察到的分布具有技术上所谓的正过余，亦即相对于中等运动存在太多过大或过小的运动。用于比较的误差分布模数的增加或减少，将会使表中一端的结果吻合更好，却使另一端的结果吻合更差。

如果我们把具有不同模数的误差分布混合起来将得到这种分布，由此可以推测，这些偏差可能是由于所采用的数据的不均匀性而导致的。如果采取措施避免星流的影响，那么一些大的运动所产生的影响也有可能不会那么明显。

我们可以得到结论：依据双星流和椭圆假设，一组光谱类型（或者亮度也可）确实均匀的恒星，与星流线垂直运动分量的分布符合误差法则，但是在一组通常实际条件下恒星中，易于出现庞大的过大运动或过小运动，而中等运动出现不足。

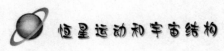

表 7—8　$F5\sim M$ 星恒星的径向运动

速度范围（km/s）	恒星数量	
	误差范围	观测值
（km/s）	135	162
0～5	127	131
5～10	114	124
10～15	97	102
15～20	78	52
20～25	59	39
25～30	42	33
30～35	29	17
35～40	30	31
40～50	10	11
50～60	2	7
60～70	1	4
70～80	0	10
80～		

参考文献

Kapteyn，Moithly Notices，Vol. 72，p. 743.

Eddington，Mo7zthly Notices，Vol. 67，p. 34.

Schwarzschild，Gottingen Nachrichte} t，1907，p. 614.

Eddington，Monthly Notices，Vol. 68，p. 588.

Schwarzschild，Gottinyen，Nachrichten，1908，p. 191.

Charlier，Lund Meddelanden，Series 2，No. 8.

Hoagh and Halm，Month Notices，Vol. 70，p. 85.

Oppenheim. Astr. Nach. ，No. 4497.

v. d. Yahlen，Astr. lVach. ，lvo. 4720.

第八章　光谱型相关现象

如果从太空的恒星中随机选择两个恒星，一个 A 型、一个 M 型，可以有把握地预测：①A 型星会是两个中更明亮的一个；②A 型星将具有比 M 型星更小的线速度。我们有意识地说"从太空的星星中"，因为肉眼可见的恒星比较特殊，绝不代表恒星的真实分布，所有预测都正确的可能性相当大，尽管有时可能发生失误，对其他光谱类型可以给出相似的说明。简而言之，一方面，光谱型和光度之间显著相关；另一方面，光谱类型和运动速度显著相关。前者的关系并不奇怪，根据物理背景能够预期一些关联式，尽管或许不如实际发现的更接近，但类型和速度之间的关系是最为显著的结果。

后者的关系已被逐步发现，最早在 1892 年，W. H. 蒙克指出Ⅱ型星比Ⅰ型星具有更大的固有运动。进一步的研究，尤其是由 J. C. 卡普坦的研究强调这一发现的重要性，这种关系被具有过度固有运动的恒星所揭示。在戴森给出的一个每年固有运动超过 1″的 95 颗恒星列表中，51 颗为已知光谱类型的：其中 50 颗为Ⅱ型恒星，只有一个为Ⅰ型星（小天狼星）；固有运动超过 0.5″的有 140 颗星属于ⅡⅠ型，4 颗属于Ⅰ型。应该认识到，这种现象并不必然意味着光谱型和实际的线性运动速度相关。通常倾向于不那么惊人的解释，即它是由于光度暗淡和Ⅱ型星距离接近的缘故，还有

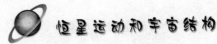

关于视差和交叉固有运动以及径向速度的研究似乎证实了这一法则。

下一阶段到了 1903 年，那时 E. B. 弗罗斯特和 W. S. 亚当斯发表了猎户座 20 颗恒星的径向速度测定，结果表明，这些恒星的线速度非常小，（一个速度分量）平均仅为每秒 7 千米，这个结果似乎为了证明猎户座恒星是个例外，显然通常认为它是普遍法则的一个特殊的例子。

根据双星流假说的介绍以及有关的研究方法，在这个主题上产生了新亮点，结果发现 I 型运动的"传播"没有 II 型广泛，前者与恒星流的方向更密切。虽然也提出了其他的解释，但看来 I 型的个体运动均小于 II 型的。确切的证据在 1910 年径向速度测定结果中详细给出，清楚地表明 II 型恒星的速度平均较大，但是，径向速度结果产生了更广泛的普遍化。J. C. 卡普坦和 W. 坎贝尔各自独立地指出，整个恒星系列从最早期到最晚期的恒星类型，即按照 B、A、F、G、K、M 依序，其平均线速度不断增加，表 8-1 包含坎贝尔的讨论结果。

表 8-1　恒星的平均速度（坎贝尔的结果）

速度范围（km/s）	恒星数量	
	误差范围	观测值
B	6.52	225
A	10.95	177
F	14.37	185
G	14.97	128
K	16.8	382
M	17.1	73
星际星云	25.3	12
恒星数量		

F、*G*、*K* 型恒星的速度顺序正确，但从数值上被限制了，远不能获得更多的意义。从 *B* 型到 *A* 型、从 *A* 型到 II 型（*F*、*G*、*K*），恒星的速度增加极为显著，从 II 型到 *M* 型的速度增加也相当大，行星星云位列表末位

置也确实令人称奇。如果我们确信速度会随着恒星发展阶段而增大，因之可知一个行星状星云必定被视为最终阶段——确实不是恒星的起源。R. T. A. 英尼斯有一句名言："我们所看到的恒星变成星云的事实应当超越了任何相反的恒星起源于星云的推测。"[1] 在实施这类应用时务必谨慎，但我们似乎需要掌握一个解决有关恒星历史的不同发展阶段的疑难问题的新方法。

表 8−1 中给出的残余运动已修正了太阳运动，但不适合星流运动，因此，它们并不代表我们所认为的区别于系统运动的实际的单个恒星运动。消除系统运动必然会显著影响数量，如果按照史瓦西的假设，a 为星流运动垂直方向的平均速度、c 是朝向或远离顶点的平均速度，与顶点距离为 θ 处的平均径向速度为：

$$\sqrt{a^2 sin^2\theta + c^2 cos^2\theta}$$

而整个球体的平均径向速度是：

$$\frac{1}{4\pi} \iint \sqrt{a^2 sin^2\theta + c^2 cos^2\theta} sin\theta d\theta d\phi$$

考虑到观测到的恒星当中，与天空的其他部分对比，接近银道面的恒星更多这一事实，对此结果略加修正。但是，由于优先运动轴位于银道面，这种数量上的不等现象的影响极小。

进行积分，平均径向速度变为：

$$\frac{1}{2}\left\{c + a\frac{sinh^{-1}\beta}{\beta}\right\}$$

这里 $\beta = \sqrt{\dfrac{c^2 - a^2}{a^2}}$

如果，例如 $\dfrac{a}{c} = 0.56$（对 A 型星来说这可能是对的），这一速度等于

---

①　参考超新星后期阶段的有关现象。

1.30a，因此，要获得真正的无星流影响的个体运动特性，我们应该对表8—1中给出的 A 型星的结果除以 1.30，对于晚期类型，其速度椭圆扩展较少，且除数因子会更小，大约为 1.15。B 型星未显示出存在星流的证据，且已经给出的速度可能保持不变，如此修正后的平均个体速度将会变为：B 型为 6.5 千米/秒，A 型为 8.4 千米/秒，F、G 和 K 型为 13.6 千米/秒。

随着恒星类型演进，速度依然稳定增加，而主要的跳跃是在 A 和 F 之间。

类似的结果已经由刘易斯·博斯对恒星固有运动的讨论中获得，这种以前被卡普坦应用到布拉德利固有运动中的方法，取决于以下几个原则。将固有运动分解为两个分量，朝向太阳背点的视差运动 v 和与之垂直的交叉固有运动 τ。我们可以借助于已知的太阳运动速度，从平均视差运动中确定任何类型星体的平均视差。通过这个平均视差方法，忽略正负号，交叉固有运动 τ 的平均值可以被转换为线性量值。这些线性交叉运动足以与刚才讨论的径向运动相媲美，与径向运动一样，线性交叉运动不受太阳运动的影响，但未进行星流校正，博斯基于其星表总目中的出色数据（见表8—2）得到如下结论：

表 8—2 星体平均速度（博斯的结果）

类型	交叉线性运动（km/s）	权重（星体数量）
B	6.3	490
A	10.2	1647
F	16.2	656
G	18.6	444
K	15.1	1227
M	17.1	222

注：在博斯分类中，B 包括 $Oe5$ 到 $B5$，A 包括 $B8$ 到 $A4$，F 包括 $A5$ 到 $F9$。

与径向速度的极其独立的证据密切吻合令人极为满意，博斯的结果依赖于这一假设，即太阳运动对所有类型星体均相同，对此存在一些质疑。对于 F、G、K 型星演进的不规则性，几无疑问的是：博斯排除过大固有运动星体的方法，导致视差运动与交叉运动相比，具有很小的值。对 F 和 G 型恒星尤为如此，这两类恒星包含迄今为止最多的巨大固有运动，由他对这两类恒星推导出的线性运动应该相应降低。

这里摆在我们面前的事实，直接关注到一个非常深奥的问题——恒星的个体运动是如何产生的？随着恒星的生命历程向后追溯，发现它的速度越来越小，在猎户座阶段，其速度仅为最终速度的三分之一。我们是否必须推断出一个恒星生来并无运动，而是逐渐获得的呢？虽然有一个以上的漏洞值得考虑，但我相信这是一个正确的结论。

J. 哈尔姆提出恒星系统内保持能量均布，根据他的观点，猎户座恒星移动缓慢，并不是因为它们年轻，而是因为它们质量大。如果恒星均形成于大致相同的时期，大恒星预期可能需要比小恒星更长的时间去演进自身发展阶段，以致在现阶段，更早时期的更为巨大的恒星将处于光谱类型。有关恒星质量的主要直接证据，是在对光谱双星的轨道研究讨论中发现的，对于双星都足够明亮显示其光谱的情形，能够发现 $(m^1+m^2)\ sin^3i$ 这个量。其中 i 是双星轨道相对于天空平面轨道的未知倾角，可供讨论的有 B 型的 7 个双星和 $A-F$ 型的 9 个双星，假设两类双星系统的 sin^3i 的平均值相同，可得：

$$\frac{B\ 型双星的平均质量}{其他类型的平均质量}=8.6$$

当仅可观测到一颗星的光谱时，可得到：

$$m_1\left\{\frac{m_1}{m_1+m_2}\right\}^2 sin^3i$$

已知有 73 个该类型的合适轨道，据此可得：

$$\frac{B\ 型双星的平均质量}{其他类型的平均质量}=6.5$$

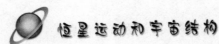

这些结果表明，B 型星的质量明显地大于其他类型星，且比值符合能量均分法则的要求，即，平均质量与平均速度的平方成反比。但能量均分的主要论点一直是理论上的，依赖于恒星行为和气体的分子之间的类比假设。这一问题将在第十二章进行研究，彼时给出的证据似乎表明，恒星系统与气体系统的类比并不完全成立，并且能量均分如果存在的话，就不能用这种方法进行说明。

似乎可以肯定，在其存续期间，恒星的运动并未被邻近恒星的偶然相遇所明显干扰。这种不干涉学说引出了一个概念，即每颗恒星在整个恒星系中心引力作用下，沿光滑轨道（不一定闭合）运行。此恒星时而徘徊在星系中心附近，时而又远离，将势能转化为动能，反之亦然，离中心越近，其速度就越大。因此，可以预期恒星系统的平均速度从中心向外减小，此结论依赖于大多数的恒星持续不断地逼近又远离中心这一观点。如果大部分恒星沿着圆形轨道，速度实际上将会由中心向外增加，但它被认为是一种有相当可能的情形，它提供了速度和光谱型之间关系的另一种解释。假设猎户座恒星移动缓慢，并不是因为它们年轻，而是因为它们非常遥远。光谱类型的顺序被认为（或直到最近被认为）是光度顺序，及由此恒星下降到一个有限星等时的平均距离顺序，因此可能表明，我们正在使用光谱分类作为距离分类，并确定距离和速度之间的关系。

此前这一解释被笔者试探性提出，但在这里又给出仅仅是由于它可能被否定。为了检验这个解释，采用 A 型恒星的径向速度并依据固有运动的大小分组，这种分组是根据距离的粗略的划分，因为越大的固有运动通常表示越近的恒星。

表 8—3　A 型恒星的平均速度（笔者的结果）

百年固有运动（″）	平均径向速度（km/s）	星体数量
＞20	10.1	19
12～20	8.8	29

续上表

百年固有运动（″）	平均径向速度（km/s）	星体数量
8～12	12. 4	38
4～8	11. 6	61
0～4	11. 1	65

此处没有出现随着距离增加速度减小的迹象，显然，距离不能作为决定因素。

因此，我们又回到了最初的直接结论，即，这种现象是速度和光谱类型的真实关系，而与质量和距离无关。

到目前为止，我们一直讨论光谱类型和个体恒星运动之间的关系，系统运动是否在不同类型之间变化仍需考察。在第五章，发现太阳顶端的倾角取决于所选恒星的类型，对晚期恒星类型更偏北，太阳运动速度是否明显不同并不清楚。表 8－4 的结果由坎贝尔给出，但几乎没有足够的数据量使得它们有太多的意义。

表 8－4　太阳相对其他恒星的速度（坎贝尔的结果）

类型	太阳速度（km/s）	恒星数量
B	20. 2	225
A	15. 3	212
F	15. 8	185
G	16. 0	128
K	21. 2	382
M	22. 6	73

根据双漂移假说，太阳或视差运动仅仅是两个部分相反的漂移运动的平均，为对太阳运动的变化或可能的变化有一个更充分的理解必须参照这些漂移。许多独立的研究已经发现 B 型星系中几乎没有显示出星流趋势，而 A 型星系显示出强烈的星流趋势。尽管在 K 型星系中相当明显，但 A 型星系后面的星系星流趋势变弱。由 B 型转到 A 型过程中星流完整强度的

突然发展是一个奇怪的现象，但对于它的证据是压倒性的。

H. A. 维尔斯马从博斯的数据中已经对这一问题进行了定量研究，如果 V 是一种漂移相对于另一种漂移的速度，Ω 是恒星的平均个体速度，他发现：

对于类型 A，$\dfrac{V_1}{\Omega_1} = 2.29 \pm 0.19$

对于类型 K 到 M，$\dfrac{V_2}{\Omega_2} = 0.98 \pm 0.11$

同样，如果 P 是相对于星体平均速度的太阳速度，有：

对于类型 A，$\dfrac{P_1}{\Omega_1} = 1.08 \pm 0.08$

对于类型 K 到 M，$\dfrac{P_2}{\Omega_2} = 0.62 \pm 0.04$

在研究中假设恒星在两种漂移中所占的比例对 A 型及 K 和 M 型均一致，即 3：2，确实不能决定这是正确的。对于上述两组中 $V\Omega$ 和 $P\Omega$ 的不同，主要由已经讨论的 Ω 中的不同进行解释。但为了协调结果，我们必定有：P_1 不同于 P_2 或者 V_1 不同于 V_2。考虑到可能的误差，这方面的证据相当弱。如果，例如使 $\Omega_2：\Omega_1 = 1.8$，将会得到一个值，该值代表了径向速度得到的结果，那么：

$V_1：V_2 = 1.30，P_1：P_2 = 0.97$

由此得到，太阳运动对两种漂移约略相等，并对自 A 型乃至更晚期的恒星类型星流速度的实际减低，由稍小比率的 $\Omega_2：\Omega_1$，我们可以得到相同的星流速度。但是，太阳运动相对于对 A 型恒星而言比相对于 K 型和 M 型的更小——一个几乎相同的解释，进而从已经引用的太阳运动的直接确定中获得了些许支持。

卡普坦主张的观点放弃了两个漂移之间的恒星比例划分，对所有类型都用相同的假设，取而代之的是随着光谱类型的发展，第二漂移恒星的比例不断增加，同时星流运动的方向也不断改变。他认为，随着时间的推移，星流运动已经略有变化，变化方式如下：最古老的恒星偏离原始方向和速度最多，而最年轻的恒星偏离最少，但都有较高或较低程度的偏离。

在讨论最近的恒星时已经提及了恒星的光度和它们的光谱类型之间的显著关系，更进一步的信息可以从恒星的总质量研究中获得。我们通常认为恒星的目录或选录受限于一定的视星等，基于此事实，光度的差异导致了光谱类型平均距离的差异。正如我们通常做的，在提及 B 类恒星比 A 类恒星更远时，我们并不是说它们在空间中的实际分布有任何不同，而只是说，当我们考虑受一定星等限制的恒星时，在较大空间内对 B 类恒星的选择比 A 类恒星分散。

我们可能希望通过与银道面对比集中度，来获得关于平均距离进而光谱类型光度的相关信息。恒星集中到银道面的总趋势可通过恒星系统的扁圆形状来解释，以此我们在某些方向比其他方向了解得更深。但是，很明显，如果恒星的种类被局限于恒星系统中心的一个小球体中，它的分布绝不会受到边界形状的影响。因此我们发现，固有运动大于 $10''$ 每世纪的恒星不显示银聚度，相较而言，它们都比较接近我们。恒星的平均距离越大，或者恒星能被看见的空间所跨越的范围越广，越易于受到系统的扁圆形状的影响，在银极区域的恒星缺失会越来越显著，由此我们可以期望用银聚度数量来度量该类恒星的平均距离。

从哈佛恒星测光表修订版中可知，E. C. 皮克林已经确定了光度直至极限的 6.5 星等的恒星的分布，并根据光谱类型和银纬进行了排列，结果列在表 8—5 中。

表 8—5　光度大于 $6^m.5$ 的恒星的分布

区域	平均银纬 (°)	B 型	A 型	F 型	G 型	K 型	M 型
I	+62.3	8	189	79	61	176	56
II	+41.3	28	18/4	58	69	174	49
III	+21.0	69	263	83	70	212	57

续上表

区域	平均银纬（°）	B 型	A 型	F 型	G 型	K 型	M 型
Ⅳ	+9.2	206	323	96	99	266	77
Ⅴ	−7.0	161	382	116	84	239	45
Ⅵ	−22.2	158	276	117	100	247	69
Ⅶ	−38.2	57	161	94	59	203	59
Ⅷ	−62.3	29	107	77	67	202	45

这 8 个区域的面积相等，所以数量直接显示了在不同银河纬度处的相对密度。

皮克林的光谱类型划分如下：

$B=0-B8$，$A=B9-A3$，$F=A4-F2$，$G=F5-G$，$K=G5-K2$，$M=K5-N$。

这种区分方法与我们之前认为的有些不同，将表中的银聚度视为平均距离的度量，我们应按照距离和光度的减小顺序来排列恒星类型，即 B、A、F 和 G、K、M。

这与我们通常接受的演进顺序相同。

这正好符合第三章中从视差研究所得到的恒星光度的结果，彼时也提到了随着恒星类型演进，光度普遍下降。另外，由于 B、A、F、G、K、M 的顺序也可能是温度下降的顺序，那么光度以同样的方式降低也毫不奇怪。

然而，这个顺序无疑是错误的。由较少假设性的方法，不难测出不同光谱类型的恒星平均距离，在弧段的平均视差运动与平均视差成正比。对于全光谱类型来说，真正的线性视差运动大致上是相同的。又或者通过对比在弧段的平均交叉固有运动（与视差运动垂直）与线性度量的交叉运动（见表 8−6），可得到平均距离的独立结论。有 5 个研究可引用。

表8-6 光谱型的平均距离

(a) L. 博斯			(b) J.C. 开普坦		
类型	视差运动 (″)	恒星数量	类型	平均视差 (″)	恒星数量
Oe5~B5	2.73	490			
B8~A4	4.08	1647	B	0.0068	440
A5~F9	4.99	656	A	0.0098	1088
G	3.12	444	F, G, K	0.0224	1036
K	4.03	1227	M	0.0111	101
M	3.29	222			

(c) W. W. 坎贝尔			(d) H. S. Jones		
类型	视差运动 (″)	恒星数量	类型	平均视差 (″)	恒星数量
B0~B5	0.0061	312	B0~B5	0.0031	11
B8, B9	0.0129	90	B8~A4	0.0058	188
A	0.0166	172	A5~F9	0.0110	187
F	0.0354	180	G0~G5	0.0076	141
G	0.0223	118	G6~M	0.0056	140
K	0.0146	346			
M	0.0106	71			

(e) K. 史瓦西			
近似类型	比色指数 $m.$	视差运动 (″)	恒星数量
	−.065	3.5	64
B	−0.35	2.9	332
A	−0.05	8.9	277
F	+0.25	20.8	150
G	+0.55	8.6	126
K	+0.85	7.6	277
M	+1.15	4.9	199
	+1.45	4.0	184
	+1.75	4.6	71

（世纪）视差运动是视差的 410 倍。

（1）L. 博斯的研究结果，基于其星表中光度大于 6.0 的恒星的固有运

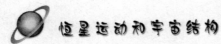

动，参考了皮克林关于银河分布的讨论中所采用的系统的恒星。不幸的是，博斯不考虑所有大于 20″ 每世纪的固有运动，这不仅使他的结果系统性太小，也对含有大量过大运动恒星的 F 和 G 型恒星所造成的影响不成比例，因此，需要大大增加 F 型和 G 型恒星的值。

（2）卡普坦的结果取决于比前一个更不准确的固有运动，为了考虑不同类型的平均星等的差异，已对平均视差的值做了修正，以便对应于 5.0 星等。

（3）坎贝尔的测定以交叉运动为基础，所涉及的恒星光度比其他研究中的都高，平均星等为 4.3。

（4）琼斯的测定取决于 $Dec. +73°$ 到 $Dec. +90°$ 之间的恒星视差运动，平均星等为 $6^m.8$，与坎贝尔恒星星等上的 2.5 个星等差异解释了所发现的较小视差。

（5）史瓦西分类主要依据颜色指数，固有运动源自博斯星表目录。

所有的研究一致显示，平均视差从 B 型到 F 型或 G 型中的某一处呈现平稳的增加趋势，之后则开始下降，直到 M 型中的小值。恒星距离顺序完全不同于标准的 B、A、F、G、K、M 顺序。特别地，M 型恒星显得比除了 B 型的其他恒星都遥远。

那么 M 型恒星如何显示出其实际上并不存在银聚度，而 A 型恒星却高度聚集？我们先前的解释失败了，因为 M 型星系远没有 A 型星系遥远的假说现在看来是错误的。似乎有必要得出结论，星系分布的明显差异是真实的，即 A 型系统极为扁圆，而 M 型恒星系统几乎呈球状。

这引出了下面的理论，恒星主要形成于银道面。对于 B 型，由于低的个体速度和产生时间较短，B 型恒星仍主要凝聚在银道面内。在随后的阶段，恒星们已经有时间偏离银道面更远，而且它们的更高速度有助于恒星从银道面分散开来。在最新类型，M 型中，恒星几乎均匀分散，在其原始平面内几乎不留痕迹，我们可在第十二章中看到理由并稍微修正这一假说。

我们将会看到，在考虑频谱类型与速度和银聚度之间的关系时，我们一直被迫采纳对该现象直截了当的解释，而对于没有深入考虑这一问题的任何人几乎都会自然发生。相关性恰如其显现的样子，并且对于相关性与其他影响相混合的难以捉摸的观点也以失败而告终。然而，我认为不要一次性跳跃到显而易见的结论是对的，有必要、目前也应优先检验其他的解释，而其他的解释虽然本身比较复杂，但却引出了恒星系统比较简单——目前看来太简单了的概念。

突出的重大难点依然存在，这可以通过 M 型恒星很方便地予以说明。关于它们的光度，我们已得到了两个相反的观点。在第三章的视差研究中，发现 M 型恒星的光度是所有类型中最微弱的，而在目前统计研究中发现它们是除了 B 型恒星以外最亮的。可以判断，我们从视差研究中得到的结论，也许可基于一致性很好但相当少的证据中得出，但也为其他视差（可靠度较低）确认，并且 K 型恒星显示了在两种研究的不一致。可以立即承认视差和统计结果与完全不同的恒星选择有关，在我们上次讨论的数据中并没有表 3—1 和 3—5 中的极其微弱的 M 型和 K 型恒星，这两种结果都可能是正确的，但很难看到它们如何协调。

对该问题首要的贡献是 E. 赫兹普龙和 H. N. 罗素所提出的"巨星"和"矮星"假设，他们认为每个光谱类型都分为两类，它们实际上并不密切相关。一类含有极其明亮的恒星，而另一类含有微弱的恒星，两类恒星之间很少或不存在过渡。根据视差确定的直接证据支持这一假说，假设在任何空间体积内暗弱恒星比明亮的恒星多得多，视差研究将主要针对"矮星"，而基于星等的统计研究将关注"巨星"。这将解释不同的光度：对 M 型恒星，在两种研究中将变现为两种完全不同的类型。

罗素从视差确定的直接证据中支持这个假设，由于他的仁慈，我获准复制他的有关所有恒星绝对光度的图（如图 8—1 所示），可以得到该图的必要的数据。对于所用的视差，我们应该犹豫是否赋之以更多的意义，但他的图中的主要特征几乎不存在疑义。每个光谱类型下面的点显示了代表该类个体恒星在垂直刻度上的绝对星等（星等间隔10秒差距），大圆圈代表具有小的固有运动和视差的明亮恒星的平均值。

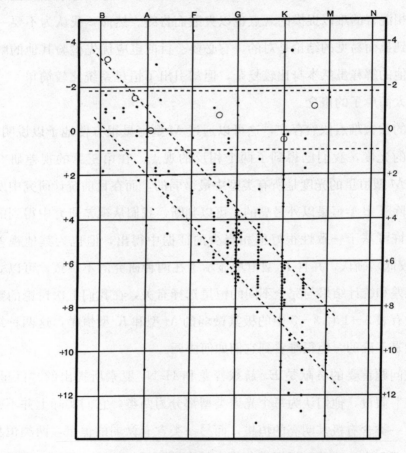

图 8—1　恒星的绝对型星等（罗素的结果）

圆点的总体结构似乎对应于这样的两条线： 图中显示出两个系列的恒星：一类非常明亮，其光度几乎不受光谱影响；另一类恒星其光度随红色增加而快速减小。前一个系列对应于水平线，是巨星，而后者对应于斜线是矮星。对于 B 型和 A 型来说，巨星和矮星实际上互相聚结，但对 M 型存在极大的差异。必须指出，该图的证据很有说服力，但并未迫使我们

将 K 型和 M 型分为两个不同的类别。视差和光度已被测量的恒星大多数情况下，被选择用于光度或者接近度（大固有运动）研究，因此，这两个分组可能是由于选择的双模式造成的，但并不意味着在固有光度上存在任何真实区分。

例如，如果绝对星等 M 按照频率法则 $e^{-k^2(M-M_0)^2}$ 分布，那么具有绝对星等 M 和视星等大于 m 的恒星位于半径为 r 的球体内，r 满足关系式：

$$\log_{10} r = 0.2 \ (m-M)$$

球体的体积正比于 r^3 或 $10^{0.6(m-M)}$，受限于星等 m 的绝对星等 M 的频率正比于 $e^{-k^2(M-M_0)^2+1.38(m-M)}$，这是一个具有和以前相同离差的误差分布，但是平均值约为 $M_0-\dfrac{0.69}{k^2}$。

于是我们选择视差星级的两种方法会使光度有两个独立的星等值，即 M_0 和 $M_0 \dfrac{0.69}{k^2}$。如果假定 $1/k$ 随着恒星类型的发展而增加，那么就可以解释这两个分组类。从图 8-1 可看出，M 型中的两组大约有 11 个不同星等，设 $0.69/k^2=11$，得到 $1/k=4m.0$。对于 G 型，有 6 个星等不同，而 $1/k=2m.9$。

罗素表明，为绝对星等而假设的误差法则可由观测结果证实，但是模量比计算值小，即 $1/k=1^m.6$（对应于概率偏差 $0^m.75$），这个结果被认为是指所有类型的光谱的平均值。

虽然直接确定光度的证据几乎没有定论，但有几个能够证明这两个系列真实存在的迹象。也许最强烈的一个论据是理论上的，根据莱恩和里特提出的众所周知的理论，随着恒星从一个高度弥散状态收缩，它的温度上升直到达到特定的浓度，之后由于辐射导致的热损失大于引力转换的热量，恒星又随之冷却。近期有关放射性过程提供的新能量涉及对这些理论的一些修正，但是温度增加到最大然后又下降这一普遍结果可以接受。现在，如果恒星的光谱主要取决于有效温度，自然便得到了德雷帕分类，该分类把具有相同的温度归为一类而不考虑是否处于上升或下降状态，前者可能是高度弥散的物体，而后者则是致密的物体。取决于温度的表面光度相同，表面积大的升序星级比致密的降序星级具有更多的总光。如果恒星质量大致相同——该结论得到所能得到的证据支持，在每个恒星类型中都应分为两组，一个具有低密度、强的总光度，而另一个具有高密度、低光度。对 B 型恒星，这两组恒星将会凝聚，这标志着达到最高温度，在温度降低时又分散得很开，如图所示。此外，在上升侧温度上升、表面积减少会对光度具有相反的影响，以致恒星类型之间光度的变化很小，下降侧、表面积减少和表面光度降低都会导致恒星类型之间的光度的快速变化。

可视双星或光谱双星密度的测定结果支持这一观点：一些晚期类型的恒星处于一个非常弥散的状况，而其他的恒星都非常致密。H. 沙普利 (*Shapley*) 得到表 8—7，表中包含双星系统的密度测定。不幸的是，这些主要是早期类型的恒星，但即使 F 型和 G 型也很好地说明了分为两组的趋势。

表 8—7　恒星密度（沙普利的结果）

密度（水＝1）					
＞1.00	—	—	—	1	—
1.00～0.50	—	—	1	—	—
0.50～0.20	1	10	6	1	—
0.20～0.10	4	12	1	1	—
0.10～0.05	3	17	—	—	—
0.05～0.02	2	8	—	—	—
0.02～0.01	—	3	1	1	—
0.01～0.001	2	—	—	—	—
0.001～0.0001	—	—	—	2	—
＜0.0001	—	—	1	1	—

众所周知，洛克伊尔分类将恒星细分为温度上升和下降两个系列，但

根据罗素的理论，巨星和矮星不符合洛克伊尔标准。

考虑到通过恒星光谱上的轻微差异来区别这两个系列的可能性，赫兹普龙做出了有意义的贡献。在莫里小姐的分类中，某些恒星被辨别出具有所谓的 C 特征，即吸收线具有非常清晰的外观。已经发现这些（数量相对较少）恒星与不具有 C 特征的相同光谱类型中相应的恒星相比，具有较小的固有运动。大熊星座 V 是个例外，它的运动几不可察，通常比早期的猎户座类型的运动还小。如果，为了允许改变星等，把固有运动全部扩大以便表示恒星处于零星等时该距离上的视运动，表格 8－8（取自赫兹普龙表）就显示了具有或不具有 C 特性的恒星结果。

表8－8　具有 C 特征的恒星

c 特征恒星	固有运动 ($''$)	标准固有运动 ($''$)	c 特征恒星	固有运动 ($''$)	标准固有运动 ($''$)
o_2 Can. Maj···	0.03	0.20	νPersei···.	0.06	1.20
67 Ophiu···.	0.08	0.20	αPersei···.	0.09	2.22
Rigel···..	0.00	0.41	δCan. Maj···	0.02	3.25
μSangittarii..	0.03	0.41	ρCassiop···.	0.07	3.25
Canmelop···	0.05	0.52	γCygni···.	0.01	3.25
η Leonis···	0.03	0.39	Ploaris···.	0.11	3.25
α Cygni···.	0.01	0.44	ηAquilae···	0.07	0.48
22 Androm	0.09	0.72	αAquarii···	0.07	0.48
αLeporis	0.02	0.57	10 Camelop···	0.08	0.48
π Sagittarii..	0.14	0.57	δCephei..	0.08	0.48
νUrsae Maj	1.96	0.57	ζGeminorum	0.02	0.48
εAurigae	0.07	1.20			

（注：固有运动下降到 0 星等作为标准）

第二列给出了 C 特征恒星的固有运动，第三列列出了莫里小姐分类中同类型的其余恒星的平均固有运动，每一种情况固有运动都降为 0 星等。前 5 个恒星为 B0 到 B9 类型，接下来的 6 个从 A 型到 F 型，剩下的是 F 和 G 型的一部分，表中没有 K 型或 M 型恒星。

显而易见，具有 C 特征的这些恒星一定极其遥远，所以（除了大熊星座 v）属于巨星类别，通过它们的光谱可见，这两组的直接区别似乎已开始显现。

可以看到，在晚期光谱类型中，已经对相应于不同光度的两组别的区分，提供了一个很好的例子。但整体接受罗素理论仍然存在很大的困难：如果它是正确的，会在许多已被普遍接受的结果上导致一场革命。特别地，我们将不得不修正所假设的演变顺序。罗素的理论给出了完整的顺序，即 M_1、K_1、G_1、F_1、A_1、B、A_2、F_2、G_2、K_2、M_2，后缀 1 代表巨星，后缀 2 代表矮星。他的理论的一个重要部分是认为，M 型和 K 型的矮星太微弱，以至于不能出现在固有运动和径向速度的统计研究中，亦即，只要进行这些研究，M 型和 K 型就必须由 M_1 和 K_1 来标识。此外，视差运动的值显示 F 型和 G 型矮星在这类研究中发挥主要作用，因为这些类型恒星的平均距离和固有光度小于 B 型和 A 型恒星，所以，如它所示的那样，我们从上升分支到下降分支会穿越 G 型。考虑到这一点，进化的顺序变为 M、K、B、A、F、G，它适用于根据星等选择的所有研究。从天体物理学观点看，K 型到 B 型连续性的明显间断并不重要，它并不预示着恒星真的从 K 型跳跃到了 B 型，而是星表中的中间类型的恒星，在数量被在演变的后期在光谱中无法区别的恒星远远超过。

新的恒星序列 M、K、B、A、F、G 完全颠倒了速度与类型、银聚度与类型的常规序列，我们不得不假设一颗恒星在诞生时具有较大的速度，该速度下降到几乎静止，然后再次升高。即便我们不坚持矮星在 F 型和 G 型居于主导地位（虽然放弃这一点也就丢掉了罗素理论的优势之一），并满足于通常演变顺序的简单颠倒，但困难仍然很大。我们必须修正我们以前的假设，并假定恒星起源于一个近似球形中并具有较大速度，随后聚结至银道面，并像它们所显示的那样失去了速度。这个解释并未由于次序颠倒而得到改善，并且，进一步如第三章所示，微弱发光的恒星——K 型和 M

型矮星，具有极其巨大的速度，使得在静止后期阶段，速度必须再次增加，甚至超过原始大小。K 型和 M 型巨星和矮星速度比其他类型恒星大，这一事实似乎揭示了它们之间具有密切关系，将它们放置在演变过程的两端极不合理。[①]

还有另外的证据强烈支持普遍接受的演变顺序，表 8—9 依照类型排列给出了光谱双星的周期，数据来源于坎贝尔，标有为短期和长期的列包含了周期不确定的恒星。

表 8—9 光谱双星的周期（源自坎贝尔）

类型	周期						总计
	短期	$0^d \sim 5^d$	$5^d \sim 10^d$	$10^d \sim 365^d$	>1 年	长期	
O 和 B	8	15	10	14	1	0	48
A	4	10	1	12	2	0	29
F	0	6	2	4	3	1	16
G	0	0	0	1	6	3	10
K	0	0	0	2	3	9	14
M	0	0	0	0	1	1	2

随着恒星类型的变化，周期的增长极为显著，光谱双星的比例如此之大，主要存在于早期类型的恒星之中，这表明晚期类型的恒星通常运动得太过缓慢，以至不能为光谱探测到。R. G. 艾特肯关于更快速运动的可视双星的粗略分类给出了下面的比例：

O 和 B 型…………4 星

A 和 F 型…………131 星

G 和 K 型…………28 星

M 和 N 型…………1 星

因此，B 类恒星的成员相距不够远而难以区别，而在 M 型和 N 类型

---

① 罗素对这种质疑的回答参见 Thhe Observatory，April，1914. P. 165。

中距离足够大，以至于它们几乎不能够显示在艾特肯的列表中。如果我们认为双星由裂变产生，并且它的成员星由于潮汐和其他力量的影响，随着时间的发展相互分离得越来越远，我们唯有将该结果视为恒星类型标准序列的一个彻底的证实。此外，至少对于光谱双星，我们正在完全按照恒星运动统计研究中选取的那些亮度的恒星来进行观测，只是该选择序列恰为罗素假说所要挑战的。

总结一下目前的情况，有直接的证据表明，晚期类型的恒星具有两级光度，而且具有两级密度。前一种分类或许是由于恒星选择上所采取的两种不同原则，尽管这并不能解释为什么一个原则下晚期类型的恒星暗淡，而另一个原则下光度很大。如果我们按照莱恩—瑞特的理论，将光度分类和密度分类相关联，这将扰乱通常所接收的演变顺序。只要涉及统计研究，已经确认，该顺序由恒星速度、星系分布和双星周期独立确定。①

我们将对展现出一些有趣特征的猎户座类型和四等恒星的总体评论来总结这一章。

猎户座或 B 型恒星的位置是不同寻常的，无论是从它们的固有运动还是径向速度中，都不能显示出具有两种星流运动的任何趋势。如果我们不得不通过它们的运动将其归入某一类漂移，就应很自然地将它们归入漂移Ⅰ中，但这仅仅是因为漂移Ⅰ的运动比漂移Ⅱ更接近于视差运动。其实，这种系统性运动似乎是纯粹的视差运动，是由于太阳在空间中的运动。现在我们知道，这种在空间处于静止的特性（除了微小的个体运动以外），其他不属于这种类型的恒星也具有。正如我们所看到的，将恒星运动划分成两股星流，导致过量的恒星（包括 A 型和 K 型恒星）朝着太阳背点运动，因此，可以假设当视差运动被排除时就会处于静止。B 型恒星的一个显著

---

① 在本书其他地方，除非另有说明，这个观点通常表示意指演化序列理论而非罗素理论。

特点是它们倾向于聚集成移动星团，"移动星团"可能用词不当，因为这种运动通常很小，但是它们显然类似于 B 星团。在它们中间的巨大的天蝎座——半人马星座、猎户星座、昴宿星团和英仙座占据了这种类型的已知恒星的相当的比例。这些星团的距离似乎在大约 70～100 秒差距，猎户座除外，它的距离可能更远。该类型的其余恒星的固有运动比这些星团小，据判断更为遥远。图 4 很好地说明了这一点，在图 4.3 中，在原点附近形成交叉星团的非群集恒星几乎没有明显的固有运动。刘易斯·博斯从固有运动的讨论中发现以太阳为中心半径为 70 秒差距（对应视差为 0.015″）的空间内"几乎不存在这些恒星"。根据第三章的结论，这类空间包含了至少 7 万个其他类型恒星。似乎没有理由相信，围绕我们太阳的空间部分不同寻常地不存在 B 型恒星，相当于认为它们的总体分布是极为罕见的，但是由于光度，在普通恒星 10 倍的距离处是可见的，对应空间就有 1000 倍大。尽管很少见，但它们的分布不规律，而且在移动星团中必定会有很多恒星分布相对极为拥挤。

认为固有运动提供了这些恒星距离的一种量度的假设，在这种情况下更加合理。由于它们个体运动小且不存在星流，整体运动与视差运动一般差别不大。忽略可能与 A 型恒星关联紧密的 $B8$ 和 $B9$ 两类，只存在一个已知的巨大固有运动的情形，天鹤星座 α 星以 20.2″ 运动，它的视差（由吉尔准确测定）仅为 0.024″，因此它的线速度对于它所在的星等而言非常大。从 $B0$ 到 $B7$ 的其他恒星的运动均达不到 10″ 每世纪，后面的 B 类恒星（$B8$ 和 $B9$），轩辕十四以 25″ 运动每世纪，金牛座 β 以 18″ 每世纪运动，这些运动都异常大。

第四等恒星（N 型）的大部分太过暗淡，以致不能进行分布和运动的一般性讨论。在皮克林关于该类型星系分布的表中，其中有少量恒星被归入 M 型恒星，它们在分布上与 M 型恒星形成强烈的对比，但令人欣慰的是，它们数量很少，不足以明显影响数据。T. E. 艾斯平和 J. A. 帕克霍斯特已经指出，它们强烈地集中在银道面，如表 8—10 所示：

表 8—10　N 型恒星的分布

银纬（°）	N 型星数量		相对密度		星表密度
	艾斯平	帕克霍斯特	艾斯平	帕克霍斯特	
0～5	123	92	11. 4	18. 3	2. 7
5～10		46		9. 2	2. 6
10～20	43	58	4. 0	6. 0	2. 1
20～30	27	17	3. 0	1. 9	1. 5
>30	31	29	1. 0	1. 0	1. 0

恒星浓度甚至比猎户座恒星更大，但因为事实上我们采用了比皮克林表中更暗淡的星等限制，也应该允许出现这种情形。星等越暗淡，距离越远，相对于银道面的浓度应该越大，观测确实印证了这一点。考虑到这一点，N 型恒星在星系凝聚顺序中很可能位于 B 型和 A 型之间。

J. C. 卡普坦已经从平均星等为 8.2 的 120 个恒星中确定了视差运动，其值为 0.30″每世纪，可能误差实际上也这么大，相应的视差为 0.0007″±0.0007″。对于猎户座恒星用相同的方法求得星等为 5.0 的恒星的视差为 0.00068″±0.00004″（与所引用的其他结果一致），这些 N 型恒星比猎户座恒星遥远很多倍，然而它们的光度可能略有减小，在视星等上的 3.2 差别平衡了遥远的距离。黑尔、艾乐曼和帕克霍斯特已经指出，四等恒星可能与沃尔夫—拉耶特型恒星有某些共同的特点，但是，他们没有看到相信这两种类型之间具有任何重要的有机联系的理由。

参考文献：

1. Monck，Astronomy and Astrophysics，Vols. 11 and 12.

2. Kapteyn，Astr. Nach.，No. 3487.

3. Dyson，Proc. Roy. Sou. Edinburgh，Vol. 29，p. 378.

4. Frost and Adams，Yerkes Decennial Publications，Vol. 2，p. 143.

5. Eddington，Nature，Vol. 76，p. 250；Dyson，loc. cit.，pp. 389，390.

6. Kapteyn，Astrophysical Journal，Vol. 31，p. 258.

7. Campbell，Lick Bulletin，No. 196.

8. Innes，The Observatory，Vol. 36，p. 270.

9. Boss，Astron. Journ. ，Nos. 623—624，p. 198.

10. Halm，Monthly Notices，Vol. 71，p. 634.

11. Eddington，Brit. Assoc. Report，1911，p. 259.

12. See also Kapteyn，Proc. Amsterdam Acad. ，1911，pp. 528，911.

13. Campbell，Lick Bulletin，No. 211.

14. Weersma，Astrophysical Journal，Vol. 34，p. 325.

15. Kapteyn，Proc. Amsterdam Acad. ，1911，p. 524.

16. Pickering，Harvard Annals，Vol. 64，p. 144.

17. L. Boss，Astron. Jbw＞一 n. ，Nos. 623 — 624；Kapteyn，Astrophysical Journal，Vol. 32，p. 95 ；Campbell，Lick Bulletin，No. 196，p. 132 ；Jones，Monthly Notices，Vol. 74，p. 168 ；Schwarzschild，Oottingen Aktinometrie Teil B. ，p. 37.

18. Hertzsprung，Zeit. fur. Wiss. Phot. ，Vol. 3，p. 429 ；Vol. 5，p. 86 ；Astr. Nach. ，No. 4296.

19. Russell，The Observatory，Vol. 36，p. 324 ；Vol. 37，p. 165.

20. Shapley，Astrophysical Journal，Vol. 38，p. 158.

21. Hertzsprung，Zeit. fur. Wiss. Phot. ，Vol. 5，p. 86.

22. Campbell，Stellar Motions，p. 260.

23. Boss，Astron. Journ. ，Nos. 623—624.

24. Espin，Astrophysical Journal，Vol. 10，p. 169.

25. Parkhurst，Yerkes Decennial Publications，Vol. 2，p. 127.

26. Kapteyn，Astrophysical Journal，Vol. 32，p. 91.

27. Hale，EUerman，and Parkhurst，Yerkes Decennial Publications，Vol. 2，p. 253.

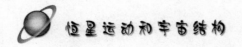

第九章　恒星的数量

上面四章所述的研究中，我们总体上只限于那些比七等星更亮的恒星，有些情形下偶尔也会突破这个限制，会涉及一些九等或十等星，这丰富了我们的知识，除此之外我们也再无所得。在超过十等星后，恒星的数量急剧增加，借此深深地隐藏起自身的秘密。我们不知道它们的视差、光谱和运动，唯一能做的一点就是数星星。对直至确定的暗淡极限的恒星数量的统计结果仔细编排，仍然可以获得对我们有用的信息。

与这些统计数据相关的基本定理如下：

在恒星均匀分散的无限扩展的恒星系统中，任何星等的恒星数与比之明亮一个星等的恒星数之比为 3.98。

所提及的比例通常称为星级比，如果在任何方向发现星级比降低到理论值 3.98 以下，则表明我们已经极为深入，以致能探测到恒星分布密度上的稀疏，在空间中对光的吸收假设可以忽略不计。

3.98 这个数等效于 $(2.512)^{3/2}$。可写成公式：

一个星等的星级比＝一个星等的光比$^{3/2}$

在这种形式下定理变得相当显明易懂，光比 2.512 包含距离比 $(2.512)^{1/2}$ 和体积比 $(2.512)^{3/2}$。亦即，对于距离为 D 的 S 空间的每个小体积，相应于距离为 $(2.512)^{1/2}D$ 的体积为 $(2.512)^{3/2}S$，这样，两个体积中恒星的视星等分布存在对应关系，只是由于距离因素有一个星等的差异。但在第二个体积内的恒星数量是第一体积内数量的 $(2.512)^{3/2}$ 倍，因此，一个星等的下降乘以因数 3.98 将适用于全部空间范围，事实上，在该讨论中考虑了恒星本征光度的变化程度。

远离太阳的地方，恒星变稀疏证实自身对于持续变暗淡的星等，其星级比值逐渐下降，建立有关星级比下降速度，尤其该下降速度与银纬关联的方式的准确知识具有重要意义，期望通过该信息得到恒星系统朝着银河系平面的扁平化更为精确的知识。任何恒星计数编纂的价值，将主要取决于与恒星数目相关的星等确定的准确度。在现代研究中，通过特殊的测光研究对计数进行标准化是一个必要条件。但只是最近，这种精细化才具备实际可能性，而且许多迄今所利用的统计资料取决于对那些初期确实不合适的数据的富于创造性的调整和修正。必须承认，这些早期的研究实现了它们的主要目标，它们不仅为获得更为满意的测定做了准备，同时也教给我们许多关于具有持久价值的恒星的分布。但目前拥有基于可靠的星等标准的足够的统计数据，除了特别感兴趣的差异出现外，我们不必重复那些先驱性的讨论。

1914 年，S. 查普曼和 P.J. 梅洛特发表了关于每个星等的恒星数量的研究，包含目前为止对于这个问题最全面的处理，具有最为重大的意义，该星等是根据哈弗标准北极序列感光星等。哈弗星等规模总体精度已由威尔逊山和格林尼治所进行的研究得到证实。对于我们目前的研究而言，哈弗星等被认为足够准确，然而，在未来更精细的讨论中，不可能完全不考虑修正。查普曼和梅洛特所给出的统计结果从星等 2.0 扩展到 17.0，这个巨大的范围（相当于光比为 100 万：1）由 5 个独立研究得到的数据持续充实。由于各个研究在其范围中点尤为强烈，所以在这 5 个点上有充分确定的数据。即使没有更微弱的结果，这些结果也应该足以给出整个 15 个星等各自恒星数量的正确观点。

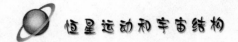

这 5 个数据来源如下：

(1) 12 到 17.5 等星。关于天空的富兰克林—亚当斯图恒星计数，该图包含散落在北半球的 750 个区域的结果，每个区域包含的恒星总数在 60～90 个，这只代表在格林尼治实施的富兰克林—亚当斯恒星计数的一部分。但对其他区域尚未与标准序列进行比较，相应地也未利用其结果。

(2) 9 到 12.5 等星，在格林尼治天文目录（$Dec. + 64°$ 到 $+90°$）恒星计数。对于 195 个星图，通过与标准序列严格的比较，确定了将发表于该目录中的测量直径转换为星等的公式，这些结果被用于本研究中。

(3) 6.5 到 9 等星，格林尼治光感星等目录中偏角 $+75°$ 和极点之间的比星等 9.0 更亮的恒星的计数。这些星等测定由专用的模型透镜获得，天文感光盘不适合于这种光度的恒星。

(4) 5 到 7.5 等星，对 $Dec. 0°$ 到 $+20°$ 的史瓦西哥廷根辐射测量学恒星计数。从哥根廷星等转化为哈佛星等，范围需要进行小的校正（$0^m.13$）。

(5) 2 到 4.5 等星。哈弗的亮星照相星等目录恒星计数。这是该数据满意度最低的部分，因为星等没有用照相确定，而是通过施加相应于每个恒星的已知光谱类型色彩指数的可视星等得到。该星等在标准序列出现之前出版，目前还不清楚它们多大程度上符合该范围。

因为恒星的表观分布的主要特点随银纬而变化，因此该数据都被安排在 8 个星系带。前 7 个带为 $0°～10°$，$10°～20°$，……，$60°～70°$ 银纬。而第 8 个带为 $70°～90°$ 银纬（北或南）。数据源（1）、（4）、（5）覆盖了整个范围，但（2）和（3）分别被限定在 Ⅰ－Ⅴ 带和 Ⅱ－Ⅴ 中，因此三个最高区域的信息不如其他区域完整。如果 Bm 是每平方度比星等 m 更亮的恒星数，可通过绘制 $\log B_m - m$ 图最为方便地显示恒星计数。对图 9.1 中的 8 个带都如此处理，并绘制平滑曲线以表示结果。为防止 8 条曲线重叠，它们相继在垂直方向做了 0.5 的唯一。最低的曲线对应于带 Ⅰ，圆点和十字符号交替用于区分数据的 4 个来源，数据（5）未示出。

星等

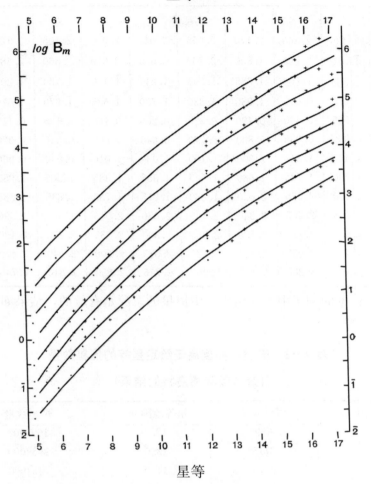

图 9.1 比 8 个区域各自星等更亮的恒星数（查普曼和梅洛特）

每个数据源中的中心部分是最为确定的，而其余部分可预期会略微偏离曲线，各独立数据集的总体符合非常令人满意。由曲线所读取的对应于每个星等的 $\log Bm$ 值列在表 9—1 中。

表 9—1 每个星等的 $\log B_m$ 值（查普曼和梅洛特的结构）

区域	I	II	III	IV	V	VI	VII	VIII	Whole Sky
银纬	0°～10°	10°～20°	20°～30°	30°～40°	40°～50°	50°～60°	60°～70°	70°～90°	0°～90°

星等 m.								
5.0	$\bar{2}$.435	$\bar{2}$.360	$\bar{2}$.170	$\bar{2}$.055	$\bar{2}$.040	$\bar{2}$.030	$\bar{2}$.105	$\bar{2}$.120	$\bar{2}$.223
6.0	$\bar{1}$.010	$\bar{2}$.950	$\bar{2}$.800	$\bar{2}$.700	$\bar{2}$.655	$\bar{2}$.610	$\bar{2}$.660	$\bar{2}$.680	$\bar{2}$.819
7.0	$\bar{1}$.555	$\bar{1}$.500	$\bar{1}$.385	$\bar{1}$.295	$\bar{1}$.215	$\bar{1}$.170	$\bar{1}$.180	$\bar{1}$.200	$\bar{1}$.377
8.0	0.065	0.015	$\bar{1}$.930	$\bar{1}$.830	$\bar{1}$.730	$\bar{1}$.685	$\bar{1}$.670	$\bar{1}$.670	$\bar{1}$.895
9.0	0.545	0.490	0.420	0.320	0.200	0.165	0.125	0.115	0.374
10.0	0.990	0.935	0.880	0.770	0.640	0.605	0.550	0.520	0.819
11.0	1.405	1.345	1.300	1.180	1.030	1.010	0.940	0.900	1.229
12.0	1.790	1.725	1.680	1.545	1.385	1.385	1.305	1.255	1.605
13.0	2.150	2.075	2.020	1.880	1.715	1.730	1.645	1.585	1.951
14.0	2.485	2.405	2.340	2.185	2.020	2.045	1.965	1.890	2.268
15.0	2.800	2.715	2.630	2.465	2.300	2.335	2.265	2.190	2.575
16.0	3.095	3.005	2.900	2.720	2.565	2.600	2.540	2.470	2.855
17.0	3.380	3.285	3.155	2.965	2.815	2.850	2.810	2.745	3.125

从所讨论的例子中推导出天空中恒星的总数是有益的，结果如表9—2所示。

表9—2　天空中亮度高于给定星等的恒星数量
（查普曼和梅洛特的结果）

星等范围 m.	恒星数量	星等范围 m.	恒星数量
5.0	689	12.0	1695000
6.0	2715	13.0	3682000
7.0	9810	14.0	7464000
8.0	32360	15.0	15470000
9.0	97400	16.0	29510000
10.0	271800	17.0	54900000
11.0	698000		

图 9.1 中的曲线近似抛物线，该结果可由经验公式准确表达：$\log B_m = \alpha + m - \gamma m^2$ （1）

但是用 $m-11$ 代替 m 更加方便，因为 0 星等超出了我们考虑的范围，对于 8 个区域的公式见表9—3。

表 9－3　　亮度高于给定星等的恒星数量

Zone	I …	$\log_{10} B_m$	$= 1.404 + 0.409\,(m-11)$	$-0.0139\,(m-11)^2$	
Zone	II …	$\log_{10} B_m$	$= 1.345 + 0.407\,(m-11)$	$-0.0147\,(m-11)^2$	
Zone	III …	$\log_{10} B_m$	$= 1.300 + 0.411\,(m-11)$	$-0.0193\,(m-11)^2$	
Zone	IV …	$\log_{10} B_m$	$= 1.177 + 0.403\,(m-11)$	$-0.0186\,(m-11)^2$	
Zone	V …	$\log_{10} B_m$	$= 1.029 + 0.391\,(m-11)$	$-0.0168\,(m-11)^2$	
Zone	VI …	$\log_{10} B_m$	$= 1.008 + 0.391\,(m-11)$	$-0.0160\,(m-11)^2$	
Zone	VII …	$\log_{10} B_m$	$= 0.941 + 0.389\,(m-11)$	$-0.0135\,(m-11)^2$	
Zone	VIII …	$\log_{10} B_m$	$= 0.901 + 0.380\,(m-11)$	$-0.0130\,(m-11)^2$	

该公式清晰地表明，随银纬变化的主要部分包含在常数项的变化上，系数 $(m-11)$ 近似固定，$(m-11)^2$ 并不随银纬而系统地变化。银极附近和银道面附近的恒星密度比例对于所有星等几乎相同，或者，从另一个角度来看，对所有纬度来说恒星数量随星等的增加比率遵循相同的规律。

当然这仅仅是个近似结论，我们从表 9－1 中可看出，一区和八区的恒星密度比为：对于星等 6.0，比例为 2.1∶1；对于星等 17.0，比例为 4.3∶1，从中可以得出结论，即银道面附近恒星数量的增加比率明显大于远离银道面区域的比率。但与那些迄今为止已得到认可的早期研究所发现的相比，这些差异是非常微小的。特别地，近一个世纪以来一直主导我们对于暗淡恒星分布观点的著名的赫舍尔星仪给了迥然不同的结果。在查普曼和梅洛特的研究之前，最深入讨论的星等统计数据是 J.C. 卡普坦（1908）的研究，该研究给出了银纬对恒星密度影响的非常不同的观点。从卡普坦的表格中得出：一区和八区的恒星密度比为：

对于星等 6.0 比例为 2.2∶1，对于星等 17.0，比例为 45∶1。

对于微弱恒星分布，实难解释卡普坦结果与查普曼和梅洛特结果存在的巨大的差异。以往的研究本质上都有些临时性，在获得更一致计划数据之前，采用了临时结果。事实上，J. 富兰克林—亚当斯的完整天空星图在很大程度上受到卡普坦联同戴维—吉尔的启发，以获得更为满意的统计数据。但是旧的和新的结果之间的巨大差异令人震惊，尝试从其源头追查精确的差异原因或许是个好主意。

首先必须指出，卡普坦关于 17.0 星等的数据是一个外推的结果，他的数据没有超出 14.0。如果我们对比 14.0 的结果，我们不得不解释一个不一致性，即：

一区和八区的恒星密度比，卡普坦结果为 11.5：1，吉普曼和梅络特的结果为 3.9：1。

卡普坦利用了 7 个主要的信息来源，前 4 个（包括好望角照相星表盘的计数）与亮度超过 9.25 的恒星有关，这些结果显示恒星分布与新的数据没有重大分歧。对于暗星主要依赖约翰—赫舍尔爵士的星仪，即在确定的区域内用他的 18 寸反射镜可见的恒星计数。虽然这些都局限于南半球，但它们分布的更均匀，比威廉—赫舍尔爵士的天空的正常部分更典型，因此更为可取。这些仪器根据银纬布置，结果显示：恒星密度从银道圈出的每平方度 1375 稳定下降到 137（10：1）。极限星等通过间接方法确定为 13.9，可以看出，10：1 的比值实际等同于卡普坦所采用的确定结果。

如此就表明赫舍尔星仪是差异的主要来源，但该结果在未经仔细校核之前不能接受，原因有两个：首先，恒星计数由 45 个摄影图片得出，主要是变星的结果，为此，在视觉范围的极限星等可根据标准的恒星由光度法测定计算。当根据银纬排列时所给出的结果极好地符合星仪结果，则被视为校核了赫舍尔极限星等的稳定性。其余的统计缘由在阿尔及尔、巴黎和波尔多拍摄并发表的天空之图提供，仍然还没有办法能够独立地确定它们的极限星等，但似乎可以合理地假设任何波动将会是偶然的，而且与银纬没有系统星的关系，它们可用于获得星系浓度比值，由卡普坦发现的纬度为 0°～20°和 40°～90°等两带的比值为 5.5：1。对于区域 1 和 8，比值将自然变大，而且数值指的是比赫舍尔星仪结果更亮的一个星等的极限，因此在星等 14 时的比例 10：1 由三个独立的证据源——赫舍尔星仪、变星域和法国天体照相图表等计数。

H. H. 特纳提出，偏差是由于根据星等进行目视或照相估计分布的真实差异。赫舍尔计数直接涉及可视星等，且变星域的数量虽然通过照相方法获得，但结果转化为可视标度。法国星板的计数只涉及摄影标度，它只是不考虑这种证据而是调和了两种结果。或许我们可能会认为第三种数据来源比前两个更值得怀疑，因为星板只在一个狭窄的区域分布，并且可能会受到天空异常区域的影响。对于可视和照相结果的银河浓度的真实区别的可能性是一个饶有兴味的话题，这似乎意味着有在银河地区的大量暗星太红了，以至于不能显示在照片上。这可能由于在恒星系统中更遥远的部分晚期恒星特别丰富，或者更可能由于在星级空间吸收材料——雾的存在，导致短波长光的散色。

该假说需要进一步确认，E. C. 皮克林的讨论直接反对该假说，他利用可变恒星领域的星等可视测定分析了自己的数据，但更为直接地利用这些测定。E. C. 皮克林得出的结论是：银河中给定区域的恒星数量是其他地区的两倍，并且当微星光度下降到12星等，恒星比值并不增加。

查普曼和梅洛特的研究中最有趣的结果之一就是：天空中对应微弱星等的恒星总数比之前通常认为要少得多。卡普坦的表格给出了直到星等为17.0时恒星数量为3.89亿，这与笔者研究的5.5千万矛盾。卡普坦恒星数量超出的部分几乎全部由于他的高银河密度造成的，在银河系两极，两个研究几乎一致。

检查表9－2发现对于所包含的几个晚期星等，恒星总数的增加比率下降得非常明显。恒星数量看来开始接近极限，试图确定这个极限涉及一个有些危险的外推，但收敛已经变得足够明显，使得这种外推并非完全不合理。经验公式 $\log Bm = \alpha + \beta m - \gamma m^2$ 不能用于超出其适用范围以外太多的地方，原因在于它导致了不可能的结果，即：降到给定星等的恒星的数量最终会减少。通过一个简单的修正可得到更合适的公式，用 $bm = \dfrac{dB_m}{dm}$ 代

替 Bm，也就是说，用星等为 m 的恒星数量代替比 m 更亮的恒星数量。发现通过公式（2）可得到同样好的近似值，由公式（2）可以看到，随着 m 的增加，恒星总数逐渐接近到一定极限。

$$\log_{10} Bm = a + Bm - cm2 \qquad (2)$$

之后，我们得到：

$$\frac{dB_m}{dm} = b_m = 10^{a+bm-cm^2}$$

$$B_m = \int_{-m}^{\infty} e^{(a+bm-cm^2)/\log_{10}e} dm \qquad (3)$$

$$= \frac{A}{\sqrt{\pi}} \int_{-\infty}^{B(m-C)} e^{-x^2} dx$$

式中，$A = \dfrac{\pi \log_{10} e}{c} \cdot 10^{a+b^2/4c}$；$B = \dfrac{c}{\log c_{10} e}$；$c = \dfrac{b}{2c}°$。

从公式 3 中看出 A 代表所有星等的恒星总数，c 代表平均星等即必须包含一半恒星的极限。

由于 c 不易测定，真实值可能位于以下两公式之间：

$$\log 10 \; bm = -0.18 + 0.720m - 0.0160m^2 \quad (4)$$

$$\log 10 \; bm = +0.01 + 0.680m - 0.0140m^2 \quad (5)$$

这里我们改变了区域的单位，这样 bm 指整个天空中恒星的数量，而不是一个平方度内的恒星数量。

由这些公式得到：

	（4）	（5）
所有星等的恒星数量：	7.7 亿	18 亿
平均星等：	$22m.5$	$24m.3$

开普坦和梅洛特总结道：除非我们有关 Bm 表达的一般形式不再适用于 m 值大于 17 的情形（直到 17 等星符合得都很好），否则很有可能恒星总数的一半都比 23 和 24 等星明亮，恒星总数不少于 10 亿但也不会超过该数目的两倍。

对于给定银纬和限制星等的平均恒星密度已列在表 9－1 中，出现一个问题，即多远才能足以确定在任何特定点的恒星密度、平均值可能出现什么样的变化，可能的变化可归类如下：

（1）南北半球的星系之间的系统性差异；

（2）在一些区域上对银经有系统的依赖性；

（3）总体不规则性。

在两个银河半球中没有明显的差异，就第十等星而言，南半球比北半球多 10％ 或 15％，而对于微弱恒星来说没有区别。对于该结论，我们不得不以在引进现代化标准星等之前所开展的研究为基础，但证据似乎令人满意。为解释这种分布上的小的差异，通常假设太阳位于恒星系统中心平面略偏北的位置，这符合银河的形状，即稍微偏离大圆，存在一个平均的银纬度 1.7°。

多数研究人员认为除在银河本身以外，取决于星系经度的差异是微不足道的。银纬是个重要因素，超过所有其他的变化，这种观点似乎是基于一个总的印象，而不是任何定量结果。由于该结论还有待商榷，迫切需要详细的研究，下面的计算似乎提供了一个极限星等可能变化的一个上限。

对富兰克林—亚当斯星表的主要结果，查普曼和梅洛特给出了不标准的计数。例如，约翰内斯堡盘，位于银纬 20°～29° 和 30°～39° 的中心，我们发现如下的结果，涉及大约为 $17^m.5$ 的极限星等：

区域	20°～29°	30°～39°
盘数量	20	16
每盘里的恒星最小量	292000	306000
每盘里的恒星最大量	737000	577000
从平均值得到的对数密度的平均偏差	± 0.078	±0.059
对应的比例	1.20∶1	1.15∶1

平均偏差（分别为 20% 和 15%）不仅包括恒星密度的实际波动，也包括由星盘的质量和计数器的特性所引起的变化，这一偏差见证了约翰内斯堡天空的均匀性和恒星分布规律性的证据。

毫无疑问，在银河范围内恒星密度发生了显著变化，最显著的区域位于射手座，该处某些星云异常丰富。银河系的这一部分位于不列颠岛纬度不利于观察的位置，但是从偏南方的观测台置显示出天空最惊人的特征。发现在富兰克林—亚当斯星板中，该区域的最弱恒星的图像与连续的背景如此的接近，以至于合并到连续背景之中，不能对其计数。我们应该预计，银河星群的存在增加了恒星的数量，这超出了朝着银道面的正常的增长。相当令人惊讶的是，在表 9－1 中的 I 区和 II 区，恒星数量上没有更为明显的不连续性。银河系的一个特点即黑暗空间和吸收物质团，或许它们抵消了恒星密集区域的影响，导致大体平衡。

对于无限宇宙，恒星甚至早在 6 等星时恒星比值就比理论值 3.98 低得多。然而，星等计数本身不足以确定恒星在远距离变弱的速率，为此，我们需要另外一种不同的统计数据，这将在第十章中给出。同时，虽然恒星计数并不决定一个明确的恒星分布，我们可以检验空间中恒星密度任何规律的简单形式是否与它们一致。星系浓度与星等不相关的简单结果，即使严格地为真，但也不会就空间中的真实分布方面认可任何相应的简单演绎，所以对我们的讨论没有帮助。

考虑一个恒星系统，其中同等密度的表面相似，同样相对于太阳为中心方位类似，密度从内部向外侧下降，我们自然会想到系统扁平率的球体。

令银极和银道面的半径之比为 $1:v$。

对于距离极点为 r 处的体积 S 的体积微元，应该在银河平面内距离 vr 处有一个体积为 v^3S 的体积微元与之对应，它含有以相同密度分布的恒星，这些恒星的数量简单地正比于体积，在第二种情况之下将是 v^3 倍之多，这将分别适用于固有光度的所有级别。但是它们的表观光度将会以 v^{-2} 的速率下降，或它们的星等将以 $5\log v$ 速率变弱，这适用于从太阳到银极的锥形体空间 S 内的所有体积微元，以及从太阳到银河系赤道锥体的相应的 $v^3 S$ 体积微元。

因此，如果对于银极来说，比给定星等更明亮的恒星数量由下式给出：

$$Bm=\psi\,(m)$$

那么对于银道面公式为：

$$B_m=v^3\psi\,(m-5\log_{10}v)$$

现在我们发现（见表 9-3）对于银极有：

$$\log B_m=0.901+0.380\,(m-11)-0.013\,(m-11)^2$$

因此对于银道面：

$\log Bm=3\log v+0.901-0.380*5\log v-0.013\,(5\log v)^2+\,(0.380+0.013\cdot10\log v)\,(m-ll)-0.013\,(m-11)^2$

若 $\log v=0.54$，可简化为：

$$\log Bm=1.400+0.450\,(m-11)-0.0130\,(m-11)^2$$

这相当接近一区的真实值，即：

$$\log B_m=1.404+0.409\,(m-11)-0.0139\,(m-11)^2$$

所计算出的系数 0.450 超过其观测值的部分，可被解释成在等密度表面相似下银道面的密度相当迅速地下降。分布的扁平率在很远的距离上并不显著，这种差异并不是偶然误差引起的，原因在于任何区域对在相同的意义上都将会出现较明显的偏大。因此，扁平率 v 不是一个恒定的量，而上面的值相当于可大致表示为 11 星等恒星的某个平均距离。

由 $\log v=0.54$，我们得到 $v=3.5$，那么，这是平均扁平率或者是等密度表面的轴线比。一定不要将 v 与恒星的星系浓度相混淆，它们的数值几乎相同纯属意外。

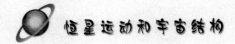 恒星运动和宇宙结构

参考文献:

1. Chapman and Melotte, Memoirs, R. A. 8., Vol. 60, Pt. 4.

2. Kapteyn, Groningen Piihlications, No. 18.

3. J. Herschel, Results of Astronomical Observations at the Cape of Good Hope, Cp. iv.

4. Pickering, Harvard Annals, Vol. 48, p. 185.

第十章　一般性统计研究

利用数学研究自然现象时，有必要进行处理那些不是自然的真实物体而是具有良好定义属性的理想化系统。这是一个研究者判断的问题：何种自然属性应该保留在他的理想问题中，何者又应该被作为不重要的细节而抛开？他很少能够给出严格的证据证明他忽略的事物是非本质的，但是通过一种本能或者逐步的经验，决定了其表述（有时是错误的）的充分程度。

对在此将考虑的理想化恒星系统中，存在三个主要特性或法则，这些测定必须被视为恒星宇宙结构研究的首要目的，因为如果我们完全知道这些法则，我们便会获得恒星运动和分布的知识。这三个法则是：

（1）密度法则。在系统不同部分单位空间的恒星数量。

（2）光度法则。绝对光度不同限制之间的恒星比例。

（3）速度法则。数量和方向不同限制之间的具有线性速度的恒星比例。

对第一个法则，可以假设密度依赖于离太阳的距离和银纬，远离太阳处的密度减少显示了一个事实，即恒星系统范围是有限的，并且众所周知的是，由于面向银极的极限比银道面的近得多，不包括随银纬变化的表达式非常不完善。

可初步假设光度法则和速度法则在空间所有部分都相同，对这两个假设都存在争议，但就目前知识的现状来看不可避免，以此为基础得到的结果作为初步近似很可能是有效的。可以进一步指出，在处理固有运动时，有必要限制在恒星系统中一个相当小的体积内，在此类研究中恒定速度法则的假设似乎是合理的。

速度法则的不变性在大多数研究中以不同的形式假设，这些假设必须从刚才提到的假设中加以仔细辨别，而这些假设事实上也更无害。假设对某一星表中的恒星而言，速度法则在所有的距离上都相同，现在，在星表中具有较低星等下限的恒星当中，光度和距离之间有很强的相关性，这样实际上采用了额外的假设，即具有不同固有光度的恒星具有相同的速度法则，或者，由于光谱类型和光度密切关联，因此不同光谱的恒星具有相同的速度法则。众所周知这并非事实，看来，基于该假设得到的结果（包括本章中的一些研究）很可能在一些细节上有误导。虽然方法有不完善的地方，但我们经常能获得相当正确的结论，期望在可能的情形下，应该对不同光谱类型分别研究。对于同质恒星，我们没有证据表明不变速度法则无效。

声称在理想化表达式中保留的该恒星系统的进一步特性是光在恒星际空间的吸收，有一些可能不充分的证据表明，该吸收足够小，以至于在本讨论中可忽略不计。因为当它作为一个未知量被保留时，得到有用的结果似乎不可行，因此，我们承担忽略该吸收的风险。

确定已经枚举的三个法则中的一个或多个法则所存在的问题，已受到多种方式的抨击，而且研究的多种多样也相当令人困惑。给出该问题目前状态的有关解释更是困难，这一事实的原因在于，一些工作基于现今已经过时的数据，很难知道更多近期数据的引进会产生多大程度的重大修订。

本章中所描述的一般性统计研究依赖于如下数据类型中的一个或多个：

①给定星等极限间的恒星数量；

②给定星等的恒星平均视差运动；

③直接测量的视差；

④所观测的比极限星等更明亮的恒星的固有运动分布（或扩散）。

径向速度仅与所采用的太阳运动速度有关，该速度通常取为19.5km/s。

从固有运动数据的其他应用中就能很方便地区分出确定平均视差运动的应用，该视差运动，或者如它有时被称作长期视差一样，在不考虑它们个体速度分布的情形下确定一类恒星的平均距离。

研究可以分成三类：

（1）仅依赖①和②数据的研究；

（2）依赖于①②③和④数据的研究；

（3）仅依赖①数据的研究。

后面将表明①和②的数据在理论上足以确定密度和光度法则，以致引入③的数据导致了公式的一些冗余。基于④数据的研究与其他研究迥然不同，因为其他研究涉及速度法则，但是由于它们也涉及其他两个法则，在相同的关联中考虑它们是有用的。

在进一步考虑三种研究类别之前，有必要考虑平均视差运动和测量视差结果的适当的表达形式。J. C. 卡普坦于 1901 年给出的公式被广泛应用，尽管代入更近一些的数据它自然也会提供一种改善，但他尚未做出有关其研究的全面修订。卡普坦推导出两个关于恒星平均视差的公式，一个表示对于给定星等所有恒星的平均视差，另一个表示给定星等和固有运动的恒星视差。第一个公式不能直接用于测量视差，并非由于数据过于稀少，而是因为选择用于研究的恒星通常基于其巨大的固有运动，据此它们比大部分相同星等的恒星更接近太阳。平均视差运动，或长期视差，单独提供了确定星等视差对星等依赖性的必要方法。唯一的实际困难源于偶然性的过度运动，会对结果造成不成比例的巨大影响。卡普坦的结果依赖于奥沃思

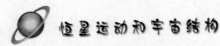

—布拉德利的固有运动，包含在如下公式中：

星等 m 的平均视差＝$0''.0158 \times (0.78)^{m-5.5}$ (1)

如果分别考虑类型Ⅰ和Ⅱ，平均视差的公式为：

类型Ⅰ，平均视差 $\overline{\pi}m = 0''.0097 \times (0.78)^{m-5.5}$

类型Ⅱ，平均视差 $\overline{\pi}m = 0''.0227 \times (0.78)^{m-5.5}$

在表 10—1 中列出了不同星等的平均视差，对上述公式（1）进行了修正以使太阳运动降低到 19.5km/s，而不是卡普坦所用的 16.7 km/s。

表 10—1 卡普坦的平均视差（太阳运动降低到 **19.5**km/s）

星等	平均视差（″）	星等	平均视差（″）
1.0	0.0414	6.0	0.0120
2.0	0.0323	7.0	0.0093
3.0	0.0252	8.0	0.0073
4.0	0.0196	9.0	0.0057
5.0	0.0153		

对于固有运动的视差依赖性，卡普坦已经求助于测量视差。对于该目的，尽管我们倾向于怀疑是否数据（在当时远不如现在令人满意）足以可信，但他们的应用是相当合理的。对于一个恒定的星等，固有运动的依赖性 μ 服从下面的经验公式：

$$\overline{\pi} \infty \mu^p$$

这里 $p = 1/1.405$，而给出星等为 m 和每年固有运动为 μ'' 的恒星平均视差的实际公式为：

$$\overline{\pi}_m, \mu = (0.905)^{m-5.5} \times (0.0387\mu)^{0.712}$$ (2)

饶有兴味的是知道这个平均公式如何接近于给出特定恒星的正确视差，假设 $\log(\pi/\overline{\pi})$ 根据误差准则分布，该对数的概率偏差为 0.19。这样，任何恒星的视差将会机会均等地位于给定运动和星等可能值的 0.65～1.55

倍之间。[1] 这个结果是将测量视差与公式进行比较，并在确定平均残差后得到的。$\overline{\pi m}$ 和 $\overline{\pi m}$，μ 的公式可方便地表示为下面形式：[2]

$$\log_{10}\overline{\pi m} = -1.108 - 0.125m \tag{3}$$

$$\log10\overline{\pi m}，\mu = -0.766 - 0.0434m + 0.712\log\mu \tag{4}$$

为了汇集卡普坦的所有数据，我们可以在此处添加他的关于连续星等恒星的数量的结果。史瓦西表示，卡普坦的数量可被总结成下面的公式：

$$\log_{10}bm = 0.596 + 0.5612m - 0.0055m^2 \tag{5}$$

这里 bm 是星等在 m 和 $m+dm$ 之间（整个天空）的恒星数量。

公式（3）（4）和（5）与前面所提及的数据（b）（c）和（a）相对应。

后续研究的主要诘责针对的是分式（C）中 m 系数的值较大，有理由认为，随着星等变微弱，平均视差的减少比表 10－4 中的减少速度略慢。根据沙立耶的结果，该系数小于卡普坦值的一半。沙立耶的结果依赖于博斯固有运动，博斯固有运动精度很高，但星等的范围太有限，不能令人满意。沙立耶并未过于考虑精确值的重要性，他认为博斯固有运动不满足更大的数据，这意味着比卡普坦假定的不同星等视差之间的差异更小。笔者也在研究博斯星表，发现对于给定星等的恒星散布的距离必须小于从卡普坦公式推导出的结果，这显然与沙立耶的反对意见相关。

康斯托克也同样认为微弱恒星的视差比由公式给出的视差大，针对从 7^m 到 13^m 的 479 颗恒星的固有运动的研究，他总结到，最先由 A. 沃斯给出的较小范围内的一个关系式对 3 等星到 13 等星都令人满意，即平均固有运动与星等成反比。由于平均固有运动可能与视差成正比，因此康斯托克的结果导致了下面的公式：

$$\overline{\pi} = c/m \quad (m > 3)$$

---

[1]　最可能的值并非平均值，在上述概率偏差下，最可能值可能是 $0.81\,\overline{\pi}_m$，μ。

[2]　由于公式（1）包括了卡普坦所做的少量修正，它与公式（3）并不非常相关（Groningen Publications，No. 8 的前言）。

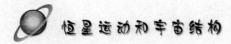

可以将公式（5）与查普曼和梅洛特的结果做对比，虽然从系数的粗略比较来看似乎差别不大，但是真实的差别非常大。

（1）基于恒星数量和平均视差运动的研究

从不同星等恒星的平均视差结合低至极限星等的恒星数目数量，可确定密度和光度法则，史瓦西已经给出了该问题的一个最巧妙的通解。尽管通常在实践中，根据表示观察数据的函数来获得特定解不太费事，但是他的方法具有如此的普适性，能够涵盖恒星统计研究的主要问题，故此我们来详细考察该方法。

令 $D(r)$ 为距离太阳 r 处的每单位体积的恒星数量，令 $\phi(i)\, di$ 为绝对光度在 i 和 $i+di$ 之间的比例，h 为一颗恒星的表观亮度，我们得到：

$$h=\frac{i}{r^2} \qquad (6)$$

令 $B(h)\, dh$ 为表观亮度在 h 和 $h+dh$ 之间的恒星总数，令 $\pi(h)$ 为表观亮度为 h 的恒星的平均视差，那么在距离 r 和 $r+dr$ 之间的恒星总数为：

$$4\pi r^2 dr \cdot D(r)$$

其中，$\phi(hr^2)\, r^2 dh$ 比例的恒星的表观亮度将处于 h 和 $h+dh$ 之间。

因此，$B(h)\, dh=\int_{r=0}^{\infty}R=4\pi r^2 drD(r)\,\varphi(hr^2)\,r2dh$

或者 $B(h)=4\pi\int_{\infty}^{\infty}D(r)\,\varphi(hr^2)\,r^4 dr \qquad (7)$

而对于距离的倒数总和

$$B(h)\,\pi(h)=4\pi\int_0^{\infty}D(r)\,\varphi(hr^2)\,r^3 dr \qquad (8)$$

我们现在变换公式（7）和（8）的积分如下：

令 $r=e-p$，$h=e-2\mu$，所以：$i=e-2(\mu+p)$

再令：

$$4\pi D(r)\,r^5=f(\rho)$$

$$\varphi(i)=g(\mu+\rho)$$

$$B\ (h)\ =b\ (\mu)$$

$$B\ (h)\ \pi\ (h)\ =c\ (\mu)$$

此处，由于 $B\ (h)$ 和 $\pi\ (h)$ 假设由观察数据给出，$b\ (\mu)$ 和 $c\ (\mu)$ 也同样由观察值给出。它们是相同的观测量，可表示为一个变化的自变量的函数。

这两个积分方程（7）和（8）变为：

$$b\ (\mu)\ =\int_{-\infty}^{\infty}f\ (\rho)\ g\ (\mu+\rho)\ d\rho \tag{9}$$

$$c\ (\mu)\ =\int_{-\infty}^{\infty}f\ (\rho)\ g\ (\mu+\rho)\ e^{\rho}d\rho \tag{10}$$

我们利用傅里叶积分：

$$b\ (q)\ =\frac{1}{2\pi}\int_{-\infty}^{\infty}b\ (\mu)\ e^{-iq\mu}d\mu \qquad c\ (q)\ =\frac{1}{2\pi}\int_{-\infty}^{\infty}c\ (\mu)\ e^{-iq\mu}d\mu$$

$$f\ (q)\ =\frac{1}{2\pi}\int_{-\infty}^{\infty}f\ (\mu)\ e^{-iq\mu}d\mu \qquad g\ (q)\ =\frac{1}{2\pi}\int_{-\infty}^{\infty}g\ (\mu)\ e^{-iq\mu}d\mu \tag{11}$$

这里 $l=\sqrt{-1}$

由此我们得到了著名的倒数关系：

$$b\ (\mu)\ =\int_{-\infty}^{\infty}b\ (q)\ e^{iq\mu}dp \qquad f\ (\mu)\ =\int_{-\infty}^{\infty}f\ (q)\ e^{iq\mu}dp$$

$$c\ (\mu)\ =\int_{-\infty}^{\infty}c\ (q)\ e^{iq\mu}dq \qquad g\ (\mu)\ =\int_{-\infty}^{\infty}g\ (q)\ e^{iq\mu}dq \tag{12}$$

在此：

$$b\ (q)\ =\frac{1}{2\pi}\int_{-\infty}^{\infty}b\ (\mu)\ e^{-lq\mu}d\mu$$

$$=\frac{1}{2\pi}\int_{-\infty}^{\infty}\int_{-\infty}^{\infty}f\ (\rho)\ g\ (\mu+\rho)\ e^{-lq\mu}d\mu\ dp$$

$$=\frac{1}{2\pi}\int_{-\infty}^{\infty}f\ (\rho)\ e^{iq\rho}d\rho\int_{-\infty}^{\infty}g\ (\mu+\rho)\ e^{-iq}\ (\mu+\rho)\ d\ (\mu+\rho)$$

因此，通过公式（11）得到：

$$b\ (q)\ =2\pi f\ (-q)\ \cdot g\ (q) \tag{13}$$

相似地，

$$c\ (q)\ =\frac{1}{2\pi}\int_{-\infty}^{\infty}f\ (\rho)\ e^{\rho}e^{iq\rho}d\rho\int_{-\infty}^{\infty}g\ (\mu+\rho)\ e^{-iq(\mu+\rho)}\ d\ (\mu+\rho)$$

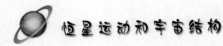

$$g\ (q)\ \int_{-\infty}^{\infty} f\ (\rho)\ e^{-i(i-q)\rho} d\rho$$

从而，

$$c\ (q)\ =2\pi l\ (l-q)\ g\ (q) \tag{14}$$

由公式（13）和公式（14）可以得到

$$\frac{f\ (l-q)}{f\ (-q)}=\frac{c\ (q)}{b\ (q)} \tag{15}$$

由于函数 c 和函数 b 可直接从函数 c 和函数 b 计算得到（通过傅里叶分析或其他方法得到），右侧是已知的。

设

$p=lq$ 和 $F\ (p)\ =\log f\ (ip)\ =\log f\ (-q)$

方程（15）变为

$$F\ (p+1)\ -F\ (p)\ =\log \frac{c\ (-ip)}{b\ (-ip)} \tag{16}$$

得到一个不同的方程，其解为：

$$F\ (p)\ =\frac{i}{2}\int_{-i\infty}^{+i\infty}\log b\frac{c\ (-ip')}{c\ (-ip')}cot\ (p'-p)\ \pi dp' \tag{17}$$

此积分是沿 p' 的虚轴。

因此，可以得到 F，从而得到 f，则 f 由公式（12）确定。

进而，当 f 被确定后，由式（13）给出 g，从而可确定 g。

相应地可以得到密度和光度法则。

如果对表达式假定一个特定形式，可以给出每个星等恒星和它们平均视差的数量，分析可以简单得多。在下面的研究中采用了似乎足以代表我们现有知识状况且其本身便于我们数学处理的特定形式，令：

r 为秒差距表示的距离，i 为一个秒差距距离上以零星等恒星的光度表示的绝对光度，h 为相对于零星等恒星的表观亮度，并设

$$\rho=-5.0\ \log_{10} r$$

$$M=-2.5\ \log_{10} i$$

$$m=-2.5\log_{10}h$$

其中，M 和 m 为相应的绝对和表观星等。

令 $i=hr^2$，$M=m+\rho$

我们采用以下形式

密度法则：$D(r)=10^{a_0-a_1\rho-a_2\rho^2}$　　　　　　　　　　　　　　　　（18）

光度法则：$\varphi(i)=10^{b_0-b_1M-b_2M^2}$　　　　　　　　　　　　　　　　（19）

在 m 和 $m+dm$ 之间的恒星数为：

$$b(m)\,dm=10^{k_0-k_1m-k_2m^2}\,dm$$　　　　　　　　　　　　　　　　（20）

m 星等恒星的平均视差：

$$\pi(m)=10^{p_0-p_1m-p_2m^2}$$　　　　　　　　　　　　　　　　（21）

此后，设 m 和 $m+dm$ 之间的恒星由距离为 r 的连续的球壳组成，包括 $4\pi r2drD(r)$ 颗恒星，其中 $\varphi(hr^2)\,r^2dh$ 是适当的固有光度的比例，于是有：

$$b(m)\,dm=4\pi\int_0^\infty D(r)\,\varphi(hr^2)\,r^4drdh$$　　　　　　　　　　　（22）

令

$$dm=-2\cdot5\log_{10}edh\,h$$

$$d\rho=-5\cdot0\log_{10}edr\,r$$

$$r=10^{-0\cdot2\rho}$$

$$h=10^{-0\cdot4m}$$

以及 $\varphi(hr^2)\,D(r)=10^{b_0-b_1(m+\rho)-b_2(m+\rho)^2+a_0-a_1\rho-a_2\rho^2}$

有：

$$b(m)=\frac{4\pi}{12\cdot5\,(\log_e)^2}\int_{-\infty}^\infty d\rho.\;10^{-\rho-0\cdot4m+a_0-a_1\rho-a_2\rho^2+b0-b_1(m+\rho)-b_2(m+\rho)^2}.$$

这样积分就成为一个众所周知的形式：

$$\int_\infty^{-\infty}d\rho10^{A_0-A_1\rho-A_2\rho^2}=\frac{\pi\log e}{A_2}10^{A_0+A_1^24A_2}$$　　　　　　（23）

简化处理显然获得了公式（20）所确定的 $b(m)$ 的表达式，我们发现：

$$k_0 = 0.7942 - \frac{1}{2}\log (a_2 - b_2) + a_0 + b_0 + \frac{(1+a_1+b_1)^2}{4 (a_2+b_2)}$$

$$k_1 = \frac{a_2 (b_1+0.4) - b_2 (a_1+0.6)}{a_2+b_2} \qquad\qquad (24)$$

$$k_2 = \frac{a_2 b_2}{a_2+b_2}$$

m 和 $m+dm$ 星等之间恒星视差的总和等同于 $\pi (m) b (m) d (m)$，在（23）中 r^4 被写作 r^3，或者在（23）和（24）中 $p (m) b (m)$ 被写作 $(a_1-0.2)$ 到 a_1，把这个变化代入公式（24），我们得到：

$$k_0 + P_0 = 0.7942 - \frac{1}{2}\log (a_2+b_2) + a_0 + b_0 + \frac{(0.8+a_1+b_1)^2}{4 (a_2+b_2)}$$

$$k_1 + P_1 = \frac{a_2 (b_1+ 0.4) - b_2 (a_1+0.4)}{a_2+b_2} \qquad\qquad (25)$$

$$k_2 + P_1 = \frac{a_2 b_2}{a_2+b_2}$$

再从公式（20）中减去公式（19）

$$P_0 = -0.1 \frac{a_1+b_1+0.9}{a_2+b_2}$$

$$P_1 = \frac{0.2 b_2}{a_2+b_2} \qquad\qquad (26)$$

$$p_2 = 0$$

事实上，密度和光度函数的对数的二次型导致平均视差的对数线性关系（$P_2 = 0$），这一点很有意义，因为对后者的线性公式是由卡普坦得到的且应用广泛。

从公式（24）和公式（25）可以很容易地根据所观察得到的系数 $k0$、$k1$、$k2$、$P0$ 和 $P1$ 推断出密度和光度函数的系数，从而：$a_2 = \frac{k_2}{5P_1}$，$b_2 = \frac{k_2}{1-5P_1}$，以此类推。$a0$ 和 $b0$ 不能独立得到，但可得到 $a0$ 和 $b0$ 之和但如

果需要，$b0$ 可以从隐含在 φ 的定义中的条件得到

$$\int_0^\infty \varphi(i)\, di = 1$$

实践中多次尝试从不同星等的平均视差和数量来确定密度和光度函数，$H.$ 泽里格（1912）的研究可以作为一个例子。他根据银纬把天空分为 5 个区域，得到如表 10−2 所示的 Bm（地址 m 星等的每平方度恒星数量）表达式。

表 10−2　m 星等的每平方度恒星数量表达式

区域	银纬	公式
A	$\pm92°\pm70°$	$\log_{10} B_m = -4.610 + 0.6640m - 0.01334m^2$
B	$\pm70°\pm50°$	$\log_{10} B_m = -4.423 + 0.6099m - 0.00957m^2$
C	$\pm50°\pm30°$	$\log_{10} B_m = -4.565 + 0.6457m - 0.01025m^2$
D	$\pm30°\pm10°$	$\log_{10} B_m = -4.623 + 0.6753m - 0.01027m^2$
E	$+10°-10°$	$\log_{10} B_m = -4.270 + 0.6041m - 0.00512m^2$

这些均来自罗恩巡天星表星等的讨论和约翰·赫舍尔爵士的仪器，由于使用了后者的资源，暗淡恒星的星系浓度非常强，类似于卡普坦的结果。现代研究对于这些数字的怀疑已经在前面的章节充分讨论，不同区域的泽里格系数分布显得相当不规则，但这些表达式的形式往往隐藏着实际数字的稳定发展。

从 B_m 的表达式中，导出 $b_m = \dfrac{dB_m}{dm}$ 毫无困难，并可表示成同样的二阶形式（公式20）。对平均视差则采用卡普坦的恒星数量（公式21），但由于平均视差把天空作为一个整体而不是根据银纬的单独区域，所以困难依然存在。众所周知，从一个纬度到另一个纬度平均视差变化很大，但这个困难是可以克服的。我们认同密度法则依赖于银纬，光度法则不变，也就是说，每个区域系数 a_0、a_1、a_2 不同各个区域的 b_0、b_1、b_2 全部相同。如果我们从公式（24）和公式（26）中消去 a_1 和 a_2，而忽略只用于确定 a_0+b_0 的第一个方程，我们从每个区域均获得 b_1、b_2 和 P_0、P_1 之间的两个方程。

根据每个区域中的行星数量组合这些方程得到两个公式，允许代入卡普坦视差所给出的平均 P_0 和 P_1，这样就确定了 b_1 和 b_2。对每个区域通过公式（24）分别确定 a_0+b_0、a_1、a_2 等常数，通过这一过程，尽管细节不同，泽里格得到了一个解，该结果与通过在所有区域使用相同的视差公式得到的结果极为不同，这可从下面的数字看出，这些数字是通过 9.0 星等恒星的平均视差导出的。

区域	A.	B.	C.	D.	E.	F.
平均视差	(9.0)	0″0065	0″0061	0″0053	0″0044	0″0039

　　密度和光度函数由公式（18）和公式（19）给出。光度函数的泽里格结果为

$$\varphi(i) = 常数 \times e^- 2 \cdot 129 \log ei - 0.1007 (\log ei)^2 \tag{27}$$

　　作为密度法则的例子，下面的数据（由泽里格给出）可能就足够了：

区域

距离 5000 秒差的密度 / 太阳密度	A.	B.	C.	D.	E.
	0.0031	0.0049	0.0355	0.0692	0.0851
在 1600 秒差的密度 / 在 16 秒差的密度	0.0021	0.030	0.107	0.0166	0.191

　　这些结果表明，两极附近的密度比银道面降低的更为迅速。或许应该剔除 E 区结果，大概是因为它们受到了通过该区域银河系的干扰，但其他 4 个区域表示了恒星系统的总体分布。然而，我们不能过多依赖数值结果，因为它们基于赫舍尔仪器和卡普坦平均视差的结果，而二者都受到一些公开质疑。

　　（2）依赖于恒星计数、平均视差、视差测量和固有运动分布的研究

　　假设生成一个复式的表格，可以给出在给定星等极限和固有运动极限之间的恒星的数量，表里任一格中的恒星对应于 m 等星和固有运动 μ，公式（2）或（4）给出平均视差，此外，如前所述，个体视差会按照以下法则偏离平均视差：

$\log\ (\pi/\pi')$ 的频率是一个误差函数，误差为 0～19。这样可以获得任何给定视差之间的恒星的比例。由此，对于任何一个格中的恒星，我们都可以把它们重新分布到一个新的参数视差和星等表中。分别处理旧表中的每个部分，将所有的恒星转移到新表中，获得给定视差和星等极限之间的恒星数量。

表 10－3 给出了由 J. C. 卡普坦按照这个方法得到的结果，它显示了在考虑距离时每个星等的恒星数是如何分布的。

表 10－3 每个星等的恒星的距离分布（卡普坦的结果）

平均距离范围视差		天空中恒星的数量						$M\sim M.$
秒差距		2.6～3.6 $m.$	3.6～4.6 $m.$	4.6～4.6 $m.$	5.6～6.6 $m.$	6.6～7.6 $m.$	7.6～8.6 $m.$	$m.$
＞1000	—	0.6	5.0	25	127	703	4840	—
631～1000	0.00118	2.0	8.0	42	197	871	4590	14.5
398～631	0.00187	2.9	19.6	92	369	1466	6050	13.5
251～398	0.00296	9.4	29.6	151	603	2210	7310	12.5
158～251	0.00469	14.7	51.0	223	815	2770	8320	11.5
100～158	0.00743	19.6	64.6	256	885	2760	5830	10.5
63～100	0.0118	22.8	72.8	240	767	2080	4140	9.5
40～63	0.0187	21.3	71.1	190	537	1240	2150	8.5
25～40	0.0296	17.2	57.1	130	311	579	890	7.5
16～25	0.0469	11.8	39.1	71	145	235	316	6.5
10～16	0.0743	6.5	22.5	34	56	84	99	5.5
6.3～10	0.118	3.2	11.2	14	18	29	30	4.5
0～6.3	—	2.0	7.0	8	11	14	14	—

对已知星等和距离的恒星，可计算出绝对星等 M。从表观星等 m 减去恒星数以获得绝对星等，如表 10－3 最后一栏所示。距离限制是这样选择的，即从一行到下一行对应于一个星等的变化。

表 10－3 中的每一行给出了光度法则的一个测定结果，它显示出一定体积空间内的恒星数，这些恒星具有给定极限内的绝对星等。通过对表中

的每一行结果之间采取适当的方法，卡普坦获得了一个光度法则的表达式，可写为

$$\varphi(i) = 常数 \times e^{-1.53\log ei - 0.072(\log ei)^2} \tag{28}$$

该式可与泽里格的结果公式（27）进行比较。

如果我们再次从表10-3左侧的任何数值开始，并且沿对角线向上向右移动，那些连续数值将指向相同绝对星等的恒星。例

如，从17.2开始，我们有：

17.2　　71.1　　240　　885　　2770　　7310

它们均指的是绝对星等-4.4（严格说来从-4.9～-3.9）。现在，这些都是一系列球壳的恒星数，这些球壳的体积形成几何级数：

1　　4.0　　15.8　　63.1　　251　　1000

其后除以相对密度，有：

17.2　17.8　15.2　14.0　11.0　7.3

对应的距离为：

25～40　40～63　63～100　100～158　158～251　251～398

根据我们的假设，恒星密度随距离的变化在选择绝对星等时，将被同样显示，我们将从表10-3获得一系列密度法则测定值。下面的数字将表明卡普坦所推导的密度法则的特征。

距离	恒星密度
0	1.00
50	0.99
135	0.86
213	0.67
540	0.30
850	0.15

已经提到，在这个第二类研究中，采用了比给出一个解所必须的更多

的数据，这就是为什么我们从表 10－3 获得的是一系列单独的光度和密度法则的测定，而不是一个单一解。卡普坦采用单独测定的一致性来维护光在空间中的吸收并不大的假设，史瓦西已经讨论过数据分析上的相互一致性，并且表明理论关系非常令人满意。由此，他发现 $\log(\pi/\pi')$ 的概率误差的理论值为 0.22，而卡普坦通过观测所得的为 0.19。

（3）仅基于恒星固有运动分布的研究

另一类统计研究完全取决于固有运动，在此可以方便地引入密度法则的一个新的定义，即，在距离我们不同距离处的单位体积内亮度高于极限表观星等的恒星数目，这涉及旧密度法则和光度法则的组合，它本身并未为我们提供恒星系统结构的确定的信息，但它显然对于获悉我们星表中的恒星如何相对于距离分布具有重大的实际意义，速度法则的测定也是这些研究的目的。

令 $g(u)\dfrac{du}{u}$ 表示在 u 和 $u+du$ 之间线性运动的恒星数；

$h(a)\dfrac{da}{a}$ 表示在 a 和 $(a+da)$ 之间具有固有运动的恒星数；

$f(r)\dfrac{dr}{r}$ 表示在距离太阳 r 和 $(r+dr)$ 之间的（星表中的）恒星。

然后，$h(a)\dfrac{da}{a}$ 表示在所有可能的距离 r 上的恒星，ra 和 $r(a+da)$ 之间的线性运动为 u。

$$h(a)\frac{da}{a}=\int_0^\infty \frac{f(r)\ dr}{r}\frac{g(ra)}{ra}rda$$

因此：

$$h(a)=\int_0^\infty f(r)\ g(ra)\ \frac{dr}{r} \tag{29}$$

或写成：

$$r=e^\lambda \qquad a=e\mu \qquad u=e\gamma$$

$$f(e^\lambda)=f(\lambda) \qquad h(e^\mu)=b(\mu) \qquad g(e\gamma)=g(\gamma)$$

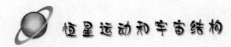

公式（29）变成：

$$b(\mu) = \int_{-\infty}^{\infty} f(\lambda) \, g(\lambda+\mu) \, d\lambda \tag{30}$$

这与公式（4）的形式相同，相应的解为：

$$H(q) = 2\pi F(-q) \, G(q) \tag{31}$$

其中 F、G、H 是对应 f、g、h 的傅里叶积分

$$F(q) = \frac{1}{2\pi} \int_{-\infty}^{\infty} f(\lambda) \, e^{-iq\lambda} d\lambda \tag{32}$$

以及：

$$f(\lambda) = \int_{-\infty}^{\infty} F(q) \, e^{iq\lambda} dq \tag{33}$$

为了获得起点，假定沿着指向星流顶点的直角方向，线性运动按照误差法则 $e^{-h^2(u-V)^2} du$ 分布，其中，V 是太阳在该方向上的运动分量，这方面的证据已在第七章进行了讨论。其优点是，无论是两漂移和椭圆理论都同意这一点，因此，它对于这两种理论都是公平的假设。注意这个方向的行星运动，可以得到 g，因此，G 可以由周期图分析确定。对同一方向，H 由所观测到的运动的分析来确定，然后 F 由公式（31）给出。一旦得到 F（它决定了密度法则 f），我们可以在公式（31）中使用其值来确定其他方向的 G，g 通过另一个周期图分析由 G 确定公式（28）。

因此，假定指向星流顶点的直角方向的固有运动根据麦克斯韦法则分布，从这个假设出发，有可能确定完整的速度法则。该方法应用上有点困难，不仅要考虑长时间的数值计算，而且因为公式表达的是统计理论，不能精确地满足依赖于有限恒星样本的观测值。对该问题已知仅有一种方法解决这个困难，这让人极为不快，而且解是发散的。因此，我们必须预先圆整所观察到的数据，以确保求解不会成为不可能。即便如此，如果有些许三叶草状的不规则留存，可能会导致其后试图精确反应观测值的过程中结果产生惊人的振荡。

该方法已应用到 1129 颗行星，固有运动取自博斯星表总目录初编。

在两个二分点中心恒星位于天空中两个相反的区域，由于这些中心与顶点和太阳顶点接近90°，星流和太阳运动都显示在这个区域而没有进行透视缩小绘制。

所得的线性速度的分布示于图10.1，给出了相等频率的曲线。设在 x 和（$x+dx$）、y 和（$y+dy$）之间具有速度分量的恒星的数量正比于 ψ（x，y）$dx\,dy$，曲线 ψ（x，y）= 1、2、3等已被追踪。在原点附近，目前计算 ψ 的方法不适用。鉴于此，在距离原点一定距离内的等频率线还没有计算出来，但图已用虚线完成，原因在于曲线的相连非常明显。采用图10.1中所示的原点，速度参考了太阳运动，通过改变原点会参照其他任何标准。可以看出，图10.1一定程度上支持了两个不同漂移的假设，而反对单一椭圆假设，并不清楚所显示的这种分裂是否可信。我并不认为分析方法或者原始假设的任何修正会导致结果上的任何不同，但数据似乎并不充足。

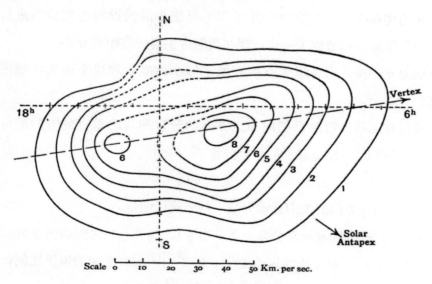

图 10.1 等速度频率线

由于 F（q）是在分析过程中确定的，我们也可以得到恒星关于距离的分布，结果见表 10—4。

表 10—4　博斯星表目录的恒星分布（平均银河纬度 63°）

距离	视差	恒星百分比
10.0~12.5	0.10~0.08	1.0
12.5~16.7	0.08~0.06	1.5
16.7~25.0	0.06~0.04	2.9
25.0~50.0	0.04~0.02	9.5
50.0~66.7	0.02~0.015	8.6
66.7~100	0.015~0.010	17.5
100~125	0.010~0.008	11.7
125~167	0.008~0.006	14.9
167~250	0.006~0.004	16.6
250~500	0.004~0.002	10.0
500~1000	0.005~0.001	2.4

这些恒星不低于 70% 都远离我们在 50~250 秒差距，恒星视差在 $0''.012$ 和 $0''.004$ 之间的机会均等。换言之，如果我们只知道一颗恒星其亮度高于 $6m.5$，就可以将其视差设定为 $0''.008±0''.004$。[1]

在前述调查中，注意力专注于用尽可能少的假设对速度分布进行计算，而把距离分布放到了一边，现在我们将主要研究距离分布。

像通常一样，来考虑天空中一处足够小而能处理成平面的区域内的恒星。

将固有运动分解为沿朝向顶点方向的分量和与之垂直的方向的分量（在天空平面上），用 η 表示后一个分量。[2]

令：

$-V=$ 沿 η 方向的太阳运动分量（基于线性测量）；

$h(\eta)d\eta=$ 固有运动分量处于 η 在 η 和 $(\eta+d\eta)$ 之间的恒星数；

$g(v)dx=$ 对应直线运动处于 v 和 $(v+dv)$ 之间的恒星比例；

---

① 根据概率误差的一般定义这句话严格来说是正确的，但对此处所示的频率偏斜分布，概率误差将不具备我们通常赋予它的性质。

② 先前研究中用的符号不便此处使用，我们重新开始。

$f(r) dr =$（在该区域距离内）距离在 r 和 $(r+dr)$ 之间的恒星数，由此在距离太阳 r 处比极限星等更亮的恒星的密度正比于 $r-2f(r)$。

进一步，令：

$H(\eta) \int^\eta h(\eta) d\eta$ 固有运动分量在 0 到 η 之间的恒星数；

$F(r) = \int_0^r f(r) dr =$ 距离小于 r 的恒星数；

r，v 和 η 的单位已协调，则有：

$$v=r\eta$$

不难看出，对于连续的 r，固有运动大于 η 的数目由距离在 r 以内的恒星数量乘以线速度在 ηr 和 $\eta(r+dr)$ 之间的比例得到。因此，如果 N_1 和 N_2 代表正的和负的分量 η 的恒星总数，有：

$$N_1 - H(\eta) = \int_0^\infty F(r) g(r\eta) \eta dr$$

以及： $\quad N_2 - H(-\eta) = \int_0^\infty F(r) g(-r\eta) \eta dr$

所以：

$$N_1 + N_2 - \{H(\eta) + H(-\eta)\} = \int_{-\infty}^\infty F(r) g(r\eta) \eta dr \quad (34)$$

只要我们选择一个偶函数来表示 $F(r)$ 即可。

我们假定 η 分量依照麦克斯韦定律分布，从而：

$$g(v) = \frac{h}{\sqrt{\pi}} e^{-h^2(v-V)^2} \quad (35)$$

现在考虑特殊形式

$f(r) = 2h^2 k^2 r e^{-h^2 k^2 r^2}$

$F(r) = 1 - e^{-h^2 k^2 r^2} \quad (36)$

其中，k 是一次性常数。

将其代入公式（34）并设：

$$\eta = nk$$

$$\tau = hV$$

公式简化为：

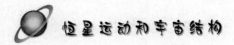

$$H（\eta）+H（-\eta）=\frac{n}{\sqrt{(1+n2)}}er^2（1+n^2）\qquad（37）$$

$$=R（n），say$$

量 τ 可以从负固有运动的数量 η 占全部运动的比值得到，该比值实际上为：

$$\frac{1}{\sqrt{\pi}}\int_{\tau}^{\infty}e^{-x^2}dx$$

表 10－5　亮度高于 $5^m.8$ 的恒星分布①

距离范围	K 型		A 型	
秒差距	银纬 63°	银纬 27°	银纬 63°	银纬 27°
0～25	11.7	9.2	7.9	7.5
28～50	30.7	24.1	18.2	21.4
50～75	35.3	31.5	18.8	32.7
75～100	31.4	31.8	17.6	38.5
100～125	24.8	31.0	16.7	40.9
125～150	19.0	28.7	16.3	39.0
150～170	14.5	26.5	16.0	34.5
175～200	11.3	23.3	15.0	27.9
200～225	8.2	19.5	13.2	21.3
225～250	5.7	15.6	11.2	15.3
＞250	8.4	36.3	32.6	25.0

因此，特定区域的函数 $R（n）$ 可以制成表格，那么，如果我们能找到一个量 k，使得固有运动分量数值小于 nk 的恒星比例由 $R（n）$ 表示，则距离分布由公式（36）给出。这里所讨论的 f 的形式（被 $F.W.$ 戴森和笔者独立地）选自其他形式，使之能够进行数学处理，这最接近于相应的所观测到的运动，我们可以通过对不同的 k 值叠加两个这种函数进行二次近似。现在转向结果。我们首先针对 A 型和 K 型恒星，给出亮度高于 $5^m.8$（哈弗范围）的恒星的分布。此前已经指出，当讨论同质恒星时，假

_____

① 仅为北极区域，在南极附出现一些异常。

设的法则（35）是唯一有效的，对两个区域进行了研究，其中一个却与的中心位于二分点（*Gal. Lat.* 63°），另一个区域的中心位于两极（*Gal. Lat.* 27°），前者更利于本研究的目的。

每个区域占据了整个天空的 0.235，数值给出了恒星的实际数量。

K 型结果似乎更为可信，很好地显示了在高银纬很远处低银纬更明显的数量下降。超过 100 秒差距的稀疏化开始被感知到，在 250 秒差距其密度大约只有较低纬度值的四分之一，恒星数量减少比基于泽里格数字的预期更迅速。A 型结果不太容易接受，但我倾向于相信在低银纬约 100 秒差距的距离上，必然出现真正的 A 型星簇，如数字所示。也许星簇具有关于运动的特殊性，这将破坏表 10−5 的一些细节。在高纬度地区（对此似乎没有充分理由怀疑结果），恒星显得比 K 型更为分散，正如所预料的，如果 A 型在太空中更稀少但其平均光度更大。看来 A 型的平均距离出乎意料地低，可能是这些恒星在太阳附近的广泛地凝聚。接下来 B 型显示出极大的形成移动星簇的倾向，或许在 A 型中同样的现象以一个模糊的形式保留其中。

对于较暗淡恒星的分布，可以利用卡林顿星表目录中位于北极 9° 以内的 3,735 颗恒星的固有运动。限制星等与波恩星表的相同，约为 $10^m.3$。这些恒星都被 F. W. 戴森用与我们刚讨论的方法类似的方法研究过，他使用了两种形式的 $f(r)$：

$$(a)\ f(r) = re^{-h^2 k^2 r^2}$$

$$(b)\ f(r) = r^{0.8} e^{-h^2 k^2 r^2}$$

所得到的分布的差异很小，前者可能更适合更近的恒星，后者更适合更遥远的恒星，两种结果列于表 10−6。

表 10−6　亮度高于 $10^m.3$ 的恒星分布（银河纬度为 27°）

距离范围	恒星百分比	
秒差距	公式 (a)	公式 (b)

续上表

0～40	0.9	1.0
40～100	5.0	4.7
100～200	15.1	13.2
200～400	40.1	35.2
400～667	31.5	32.9
667～1000	7.1	11.9
>1000	0.3	1.1

正如所预期的那样，这些恒星比博斯星表目录（见表 10－5）更远。例如，只有 5.7% 处于太阳的 100 秒差距内，而博斯星表恒星超过 40%。

也可以注意到，70% 的恒星视差介于 0″.005 和 0″.0015 之间，或换言之，70% 恒星在 200 秒差距和 650 秒差距的距离内。据信，在低银纬地区，直到距太阳非常远的距离，恒星的实际密度相当恒定。基于这个假设，表 10－5 和表 10－6 使我们能够确定光度法则，因为所考察的恒星的限制星等相当于极限绝对光度，它随距离的平方减小。如果在前述研究中，$f(R)dr$ 为在天空 ω 的一个区域内限定在 r 和 $r+dr$ 之间的恒星数，m 为星表目录的星等限制，$0^m.5$ 为 1 秒差距距离的太阳的恒星星等。

则在距离 r 处的极限光度为：$(2.512)0.5-m×r^2$

比该光度大的每立方秒差距内的恒星数是：$\dfrac{f(r)}{\omega r^2}$

表 10－7 给出了从博斯星表固有运动（仅限 K 型）和卡林顿固有运动（所有类型）所得到的光度法则，由于所用的恒星光度的差异，两个研究主要适用于光度曲线的不同部分。

表 10－7　$94.2×10^6$ 个单位空间（等于半径为 100 秒差距的球体）内的恒星

博斯恒星（仅限 K 型恒星）		卡林顿恒星（所有类型）	
亮度（太阳为 1）	恒星数量	亮度（太阳为 1）	恒星数量

>500	10.8		
400～500	7.3	>200	0
300～400	12.9	100～200	24
200～300	36.3	50～100	316
150～200	25.0	25～50	1190
100～150	51.9	10～25	3310
50～100	139.0	1～10	18360
25～50	251.9	0.1～1	70100
10～25	500		
1～10	2700		
比太阳明亮的全部恒星	3725	比太阳明亮的全部恒星	恒星数量 23200

符合得并不是特别好，我们应该期望，对 K 型恒星数只比所有类型恒星加在一起的恒星数略少，所以对光度小于 100 的恒星不存在值得注意的偏差。对卡林顿行星，光度大于 100 的恒星数量取决于距离超过 900 秒差的恒星，由于这些恒星不超过 2%，令人怀疑是否应该接受该公式。此外，也有可能在如此之大的距离上，恒星在空间中的分布密度实际会减少。

有趣的是，超过 95% 的卡林顿恒星（或波恩巡天星表）和近 99% 的亮度高于 $5^m.8$ 的恒星比太阳更亮。与太阳光度相等的恒星，显示为 $10^m.3$ 或 $5^m.8$，其距离必然分别小于 91 秒差距或 11 秒差距，给出的百分比是超出这些限制的比例。

对低至极限星等的恒星的分布采用距离—分布法则：

$$f(r) = re^{-h^2 k^2 r^2}$$

我们可以在星流方向研究速度法则，戴森在研究卡林顿固有运动时已这么做了，他发现史瓦西的椭圆假说比双星流假设符合得更好。速度椭圆两个轴的比值为 0.60，与第七章的方法研究更亮恒星的结果极为接近。双漂移假说并不全都适合小的固有运动，虽然在所观测到的运动分布中的两个极大值的存在，支持了两个星流分离的观点。小的固有运动的不相符也许并不奇怪，因为正是这种缺陷才引入第三个漂移进行补救，但这确实证明椭球假设的可信度，仅仅带有如此少的几个常数就能同时良好地符合小的和大的固有运动。

区别两个漂移和椭球假设的要点似乎是：

①速度分布的偏移；

②分布的扩散；

③两个极大值的存在（或不存在）。

在第一点中，双漂移假设的优点是不可否认的，似乎同样可以肯定，椭球假说更适合第二点。对于第③点，证据更有利于双漂移假设。根据以上三点的相对重要性，两种近似方法有不同的优缺点。

有一点在实际中十分重要，即必须考虑我们已考察过的研究。观测中固有运动的分布一般会受到偶然误差的较大影响，通常，观测的可能误差是已知的。对此情形，我们可以对从给定的限制之间观测到的固有运动数据，形成修订后的表格可以给出真实的值。也就是说，我们可以校正已知偶然误差对 $h(\eta)$ 观测值的影响。6 除非偶然误差巨大，对观测数据表中的每个数据的修正如下：

$$- (\frac{1 \cdot 0.48 \times 数概据率间误距差}{表中数据间距})^2 \times 表中第二类偏差$$

适用于任何种类的统计数据的完整公式是：

$$v(m) = exp(-\frac{1}{4h^2}\frac{d^2}{dm^2})u(m),$$

其中，$v(m)$ 和 $u(m)$ 分别是真实的和观测到的频率函数，$0.477/h$ 为 m 的观测值的可能误差。

本章中所描述的研究受到所有与前沿性工作不可分割的缺陷的影响，

我相信，通过不同星等恒星的平均视差的现代测量，会对第 I 和第 II 节的数值结果有重要的修订。第 III 节的数据苦于数据不足、范围不足以及缺少对主要假设的有效校核，但我们不能怀疑这些一般性统计研究，已经极大地推进了我们对恒星的分布和光度的知识。即便近似程度依然不太好，但我们现在所具有的模糊认识已经与我们开始时的无知有了天壤之别，但本章的主要兴趣在于对未来的希望。

特别重要的是要注意，存在两个完全独立的方法来确定比极限星等明亮的恒星的距离分布。其一基于星等—数量和平均视差运动（第 I 节），另一个基于个体的固有运动的分布（第 III 节）。这两种方法所用的数据完全不同，两种方法分别是彼此的全面校核，当校核得以满足、当沿着一条研究路线的结果与那些沿着另一个独立研究路线的结果完全一致时，当这一天来临时，这些研究方法的结果其基础将坚如磐石。同时，这种校核是可能的这一结论，可能被视为对这些初步讨论的最有用的结果之一。

参考文献：

1. Charlier，Lund Medddanden，Series 2，No. 8，p. 48.

2. Eddington，Monthly Notices，Vol. 72，p. 384.

3. Comstock，Astron. Jour. ，No. 655.

4. Seeliger， Sitzungsberichte， K. Bayer. Akad. zu MUnchen，1912，p. 451.

5. Kapfceyn，Astron. Journ. ，No. 566，p. 119.

6. Eddington，Monthly Notices，Vol. 73，p. 359.

BiBLIOGEAPHY.

Sections I. and II. —Kapteyn′s principal investigations are： — GrToningen Publications，No. 8 (1901) —Mean parallaxes.

Sections I. and II. —Kapteyn′s principal investigations are： — GrToningen Publications，No. 11 (1902) —Luminosity and density laws,

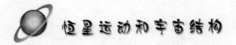

with further developments and revision in

Astron. Journ. , No. 566 (1904) .

Proc. Amsterdam Acad. Sci. , Vol. 10, p. 626 (1908) .

Seeliger's investigations of the luminosity and density laws are contained mainly in four papers.

K. Bayer. Akad. der Wiss. in MUnchen, Abhandlungen, Vol. 19, Pt. 3 (1898), and Vol. 25, Pt. 3 (1909) ; ibid. , Sitzungsberichte, 1911, p. 413, and 1912, p. 451.

The most important parts of the mathematical theory are given very concisely by Schwarzschild, Astr. Nach. , Nos. 4422 and 4557.

Section III. —The subject is treated by Dyson, Monthly Notices, Vol. 73, pp. 334 and 402.

Eddington, Monthly Notices, Vol. 72, p. 368, and Vol. 73, p. 346.

Discussions by methods different in the main from those here described are given by Charlier, Lund Meddelanden, Series 2, Nos. 8 and 9.

v. d. Pahlen, Astr. Nach. , No. 4725.

第十一章　银河系、星簇和星云

在第十章开头，我们强调统计研究提到了一个理想恒星系统这一事实。该恒星系统保留了实际宇宙部分更为重要的属性，而忽略了许多分布细节。如果将恒星呈球形分布、外侧密度降低描述成一个完备、充分的模型，看一眼图 11.2（正立面）即可纠正这一点。图 11.2 是银河系的人马座附近区域的照片，银河系存在明显的大规模星簇和密度不规则的迹象，巨大的星云和深深的裂隙成为与我们迄今所考虑的分布现象形成鲜明对比的特征。精细的圆盘状或球形系统的理论也无从解释它们，但这不会影响我们所说的内部恒星系统形状的结论。恒星总体上向银道面聚集被证实非常不同于银河系自身的巨大星簇，因为我们理想化的系统在此显然无法满足要求，无疑期望可以讨论第十章所忽略的问题，或者至少单独处理银河系本身所穿过的那部分天空。

随之采用如下观点：首先存在一个内部恒星系统，它具有平坦的恒星分布，其密度在中心处多少是均匀并向外递减的。其次有众多星云环绕四周并位于恒星平面内，如此就构成了银河系。我们关于恒星运动和光度的知识都与这个内部体系有关，外部星云与内部体系连续还是孤立，目前仍是个无解的问题。

在通常的考虑中把太阳作为主要系统，银河系的星簇作为边界。另一种观点不做如此区分，但设想众多星云不规则地散布在一个基本平面上，我们自身的系统即为其一。后者观点有一定的优势，特别是两个恒星流能被解释为两个星云相遇并彼此穿过。出于中世纪地心说的天然反应，我们不愿意把地球置于恒星宇宙的轮毂上，尽管数千个其他天体也具有这一特征，但令人怀疑的是围绕太阳的行星与银河系星团之间是否真的具有密切的相似性。对这些星团，我们并未看到它们在基本面内扁平的扁圆形，而这是太阳系星云的显著特征，它们似乎具有更不规则的特征，为此，我们更坚持视它们为附属系统的理论。

　　银河系的照片所显示的大量恒星是非常暗淡的，我们不知道它们的运动或光谱，甚至现在也仅有很少的有关它们的星等和数量的准确信息。一个重要的问题是，那些在同一区域所看到的如同这些星云明亮的恒星，其实都位于星云内，或仅仅是相对于它们的投影。对这一点的研究相当矛盾，但总体上似乎有部分六等星实际上位于银河系星簇之中。确实，我们已经通过九等星开始深入真实的银河系，十二等或十三等星带领我们进入到了银河星簇的核心。西蒙·纽康分别在银河背景的明亮区域和暗淡区域比较肉眼可见的恒星的密度解决了这一问题。他发现，背景越亮，明亮恒星数目越多（见表11－1）。

表11－1　肉眼可见的恒星与银河系的关系（纽康的结果）

总体平均恒星密度	北半球 （仅限于星等6.3）	南半球 （仅限于星等7.0）
较暗淡星	19.0	32.7
银河区域的半球恒星密度	20.4	33.8
明亮恒星密度	32.9	79.4

　　注：恒星密度按每100平方度给出，南半球恒星密度较大是由于在所用的星表目录中星等的限制更低。

　　明亮区域的恒星凝聚非常明显，解释这一结果需要注意一些问题。毫无疑问，银河系中许多暗区域是由于光线被大团星云物质所吸收，为吸收光线，这些物质团必须位于靠近银河星团的一侧。由于表 11－1 表明，较暗区域的恒星密度几乎不大于半球的平均值，因此，低于刚出银河以外不远处的区域的密度，暗物质必须至少有一部分位于扁圆内部系统内。因此，纽康的结果告诉我们，一些六七等恒星处于或超出了暗物质云，但不一定都存在于银河系明亮星团区。为了证明后者的结果，我们应表明在明亮区域的恒星密度大于可合理地归因于内部体系的扁圆平坦形状区域的密度，这些数字表明确实如此，但仍有怀疑的余地。

C. 伊斯顿对暗淡恒星进行了相似的讨论，他特别考虑了银河的天鹅座和天鹰座部分，那里的光强度范围很大，他的一部分结果示于表 11－2。

表 11－2　恒星与银河系的关系（伊斯顿的结果）

恒得密度	阿格兰德星表 （星等 0～10）	沃尔夫摄影法 （星等 0～11）	赫歇尔星表 （星等 0～14）
最暗的区域	23	72	405
中等亮度区域	33	134	4114
最明亮区域	48	217	6920

注：密度按每平方度给出。

表 11－2 中数字表明，当我们深入研究暗淡恒星时，与真正的银河系星团相关的是亮星比例迅速增加，直到第十四等星，绝大部分属于这一情况。不过，伊斯顿的结果和纽康的不太一致，由伊斯顿发现的 10m 恒星的明亮区块的相对优势几乎不比纽康发现的 6m～7m 恒星的更大。事实上，通过对伊斯顿结果外推，我们应该得出这样的结论：比 7m 星更亮的恒星应该与银河背景没有明显的关系。如果我们假设天鹅座和天鹰座地区比一般地区更远，两个结果之间的差异就能解释，但伊斯顿给出的理由是相信这一地区比一般地区更近。

在伊斯顿所讨论的所有结果中，明亮地区的恒星密度显著地远高于银河系外的密度，因此我们得出结论，这种现象是由于星云的缘故，这种考虑问题的方法如此直截了当，结论似乎不容置疑，因为亮区和暗区彼此邻接且不规则地混杂，应在结果数量范围内排除系统误差。如果有任何倾向使恒星密集的区域或背景明亮的区域计数不完整，这仅意味着该差异确实比表中显示的更突出。

图 11.2 南冕座的星云状暗空间

如果确定银河系星团包括相当数量的显示为九等星的恒星，就可能形成它们距离的一些概念。亮度为太阳亮度 1 万倍的恒星在 5000 秒差距处显示为九等星，该距离可视为银河内部距离的上限值。如果按照纽康的方法，承认星团中存在六等恒星，距离上限将减少到 1200 秒差距。任何情形下，所谓的银河黑洞（暗星云）似乎有些情形下位于后一个距离之内。

无从相信银河系的所有部分都处在同一距离，某些现象表明，有可能是两个或两个以上的分支处在天空中的不同部分，不同部分的相对亮度没有给出任何距离的线索，因为恒星星团的表观亮度（以单位角度面积计）与其距离无关。[①] 因此，在光强度上的差异或者由于视线更深或者由于距离恒星密集区更近（如果空间中普遍存在可观的光吸收，这个说法必须要修改）。另外，有必要假设整个结构极不规则，而假设不同部分的角宽度给出的任何距离测量是不稳妥的。

众所周知，巨大的不规则星云主要发现于银河系，这与大多数致密星云不同。言及"不规则"这一术语，我们不仅包含了极为明亮的区域，如奥米加、钥匙洞和三叶星云等，也包含延展的星云背景，如由 E. E. 巴纳德在金牛座、天蝎座和其他星座所拍摄的那些照片。同样的性质也存在于许多银河系黑暗空间，该处的恒星后面的光被星云区域遮蔽，这些星云自身很少发射或不发射可见光。这些黑暗空间通常与弥散的可见星云连接，它往往围绕一个或多个明亮的恒星，并围绕一个或多个明亮的恒星凝聚。一个很好的例子是在南冕座（如图 11.2 所示）星群中发现的，那里有一个含有极少恒星的暗区，边缘的某些部分存在可见星云，星云在明亮恒星周围凝聚成亮尖。看过照片的人都不会怀疑，黑暗是由边缘可见的星云引起的。目视观察者称，该地区有一个铅灰色或暗色的外观，好似浮云覆盖了部分地面。另一个奇怪的区域在梅西耶 22 星团附近的人马座，巨大的弯曲小道似乎在厚厚散布的恒星之间蜿蜒穿行，这种感觉不容抗拒，即这一效果是由于吸收星云产生的。暗黑的区域往往形如狭窄小巷，在一端有一个星云。最好的例子是在天鹅座形成最大狼穴的星云，W. 赫舍尔爵士指出了气态星云吹除恒星之间的空间的总趋势，并长期得到公认。不能假

---

① 　由于大量的光将显示为遥远恒星的形式，接近程度可能会在某种程度上降低背景光度。

定银河系的所有裂缝都能以此解释，尤其是那些与密集恒星云相比不那么明亮且并不比正常天空更暗的区域，但有足够证据表明，吸收材料创造了许多形状奇怪的印迹。

图 11.3　大麦哲伦星云

这些不规则星云（暗光）几乎只在银河系发现，这可能是由于该恒星系普遍的扁圆形状或星云与银河系星云——星团之间的实际关联，后者解释通常被接受，也最为可能。从照片中可得知一些东西，即星云和恒星星团之间是否存在一些结构关联。毫无疑问，普遍的感觉是二者密切相关，但很难找到明确的证据。尽管黑暗裂痕显然尤其会在最灿烂的星云中发生，但因为它们可归因于材料吸收恒星光线和星云光线等，我们不能从黑暗裂痕得到很多东西。某些情形下，例如对猎户座和南冕座，我们知道恒星和星云之间确有关联，恒星也会处于星云之中，但并不确定这些恒星都属于银河系。鉴于它们巨大的亮度，这是一个大胆的假设。

除了不规则的星云，许多其他类天体也显得强烈地向银河凝聚，这在多大程度上反映了恒星系统的扁圆形状，它与银河系形成的真正联系有多大，还是值得怀疑。我们在表11-3中给出最为密集的天体列表（E. 赫兹普龙）以及最密集平面的极点，极点与银极的接近非常引人注目。

表11-3 显示银河密集度的天体（赫兹普龙的结果）

类别	星体密集平面的极点		天体数量
	R. A.	Dec.	
氦星	182.1°	+27.9°	1402
N 型恒星	194.2°	+27.4°	228
沃尔夫	190.7°	+26.9°	87
食双星	188.2°	+25.8°	150
仙女座星	195.9°	+26.8°	60
C 及 AC 恒型	189.1°	+26.3°	98
气态星云	192.7°	+28.1°	130
银极（皮克林）	190.0°	+28.0°	—

这些天体中，沃尔夫—拉叶星显得最为密集。在已知的 91 颗此类恒星中，有 70 颗实际上处于银河系边界以内，其余全部 21 颗恒星都在麦哲伦星云中，剔除后者，距离中央银道圈的平均距离只有 2.6°。这也许意味着在仙女座星云显示的光谱中存在主要的沃尔夫—拉叶线。

乍看起来，麦哲伦星云似乎是银河系星群的一个孤立部分，然而，它们具有一些鲜明的特征，其高银纬似乎并不支持与银河系有任何密切的关联。大麦哲伦星云（如图 11.3 所示）中有大量的星云结，一般把它们描述为螺旋（即非气态）星云。如果这确实是它们的本来特性，将在星云和银河之间形成显著区别，因为螺旋星云排斥后者。但 A. E. 亨克斯假设麦哲伦星云完全不同于其他地方所发现的星云，而且与真正的螺旋星云并不相似，大麦哲伦星云中许多主要星云确实是气态的。

E. 赫兹普龙通过巧妙论证得到了小麦哲伦星云距离的非常可信的估

计，它依赖于该星云中大量仙王座型的变量。现在，有理由相信，特定时期的造父变星的绝对星等是相当确定的。事实上，可从其周期进行预测，平均不确定性近为一个星等的四分之一，莱维特小姐在讨论小麦哲伦星云的变量时展示了这一点。由于这些恒星必定离太阳的距离几乎相同，它们的表观星等与它们的绝对星等相差一个常数。她发现星等与时间的对数呈线性关系，且任何个体与通式的平均偏差为 $\pm 0^m.27$。现在较亮的造父变星的平均距离可以用通常的视差运动来计算，只需要乘以造父变星和麦哲伦变量之间星等的差别因子——如果有的话，计入周期差异以便获得后者的距离，以此方式，得到小麦哲伦星云的距离是 1 万秒差距——我们提到的最大距离。

我们必须从恒星的大规模聚集转到简要地提及严格意义的星簇，看似没有理由怀疑这些与第四章中讨论的运动星簇具有同样性质的星簇，特别是金牛座星流可被视为是典型的球状星簇，虽然它并非该类恒星中数目最为丰富的一个。这些球状星簇在天空中的分布非常显著，几乎可以在一个半球的全部天空找到，星簇极点在银道面，银经为 $300°$。此结果（取自 A. E. 亨克斯讨论）显然具有重要意义，但目前试图对其做任何解释都不可能。

从我们的角度看，星云的主要特点是它们靠近银河系凝聚，且所测得的径向速度较大。在此我们无法做更多的事，唯有陈述事实。我不了解任何值得信赖的对星状星云固有运动的测定，它们的大小和距离因此也极不确定，但它们位于银道面的明显趋势显示，它们必定存在于我们自己恒星系统内的某处。

图 11.4 所示为猎犬座的旋涡星云，它是一个典型的螺旋星云，也是天空中最美丽的星云。普遍认为，相对于其他类星云，螺旋状星云是最为主要的星云，E. A. 法斯估计明亮到足以拍照的星云总数达 16 万，它们必定形成极多种类的天体。我们通过多个角度观察它们，如对旋涡星云有正

视图，而其他一些星云对我们而言只在边缘上看起来比一条窄线条更细。后一类的一个例子示于图 4，在可以识别信息的所有情形下，螺旋是双臂的，双臂向相反方向离开星云中心并以相同方式卷绕。E. v. d. 帕伦的研究显示，星云运动的标准形式为对数螺旋线，然而，两个臂经常出现不规则，产生众多结和亮度变化。这一点雨恒星和扩展的星云不同，光谱显示出强烈的连续背景。据信会发生亮线和条带，至少在大仙女座星云会如此，但它们具有早期类型恒星的特征，并且与气体星云的发射线明显不同。

螺旋星云的分布呈现一种比较独特的特征，它们实际上避开了银河区域而主要集中在银河两极附近。北银极比南银极更受青睐，避开银河系并不是绝对的，但表现出极强的趋势。

在光谱分析使得我们能区分不同种类星云之前，那时所有星云均被看作未解决的星簇，普遍认为，这些星云是被广袤的真空空间与我们自身的恒星系统隔离的"宇宙岛"。目前已知，不规则的气态星云，如猎户座，与恒星密切相关且属于我们的银河系，但关于螺旋星云的假设最近又重新被提起。虽然同一术语"星云"用来表示三种类别——不规则、行星及螺旋星云，但我们绝不能被误导认为这些天体之间有密切关系，所有的证据都指向它们之间有广泛的区别。我们没有理由相信，不规则的和星状星云处于恒星系统中的说法可以用于螺旋星系。

图 11.4　猎犬座星云，N. G. C 5194－5（威尔逊观象台）

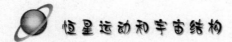

必须承认，这些天体是否处于恒星系内都缺少直接的证据，它们的分布与其他天体如此不同，表明它们与其他天体不一致，但也有其他天体，如 M 型恒星不受银河系的影响。事实上，螺旋星云避开银河系的简单事实可能表明，它们受到银河系的影响。另一种观点是，那些位于我们系统之外的星云，偶然出现在低纬度区域，它们被大块的吸收性物质所遮蔽，类似于银河系的黑暗空间。

如果螺旋星云位于银河系内，我们就无法知道它们的可能性质，这一假设将导致钻进一个死胡同。确实，根据一种理论，太阳系是从一个螺旋星云演变而来的，但这个术语点只用作与图中那些天体做远程类比。无论如何，我们所指的螺旋星云太过广褒而无以形成太阳系，也不可能形成于两颗恒星的破坏性接近，我们至少认定它们能够产生一个星簇。

然而，如果假设这些星云位于银河系之外，它们实际上是与我们银河系同等的系统，我们接下来可以至少做出一个假设，并且可能会解决一些我们正面临的问题，因此，有很多理由选择"宇宙岛"理论作为有用的假设，其结果非常有助于表明其鲜明的事实可能性。

若每个螺旋星云是一个恒星系统，则我们的银河系统也是一个螺旋星云。恒星的扁圆内部系统可以由星云的核心予以识别，银河系的星云形成其旋臂。有一个星云看似处于边缘地带（如图 11.4 所示），它形成了我们的银河系统的一个极好的模型，很好地显示了中央部分的扁圆形状。从据信处于该系统的更遥远的部分的沃尔夫—拉叶星和造父变星的分布，我们可以推断，我们系统的外侧旋涡紧靠着银道面，这些外侧部分在星云中其横断面看起来就如一个狭窄的直线条纹。照片还显示了扁圆形核心的显著的光吸收，旋臂交叉于扁圆形核心。我们已经看到，在银河中含有吸收物质的暗斑，所产生的正是这种效果。此外，抛开目前的理论，一直存在银河系呈螺旋状的主张，用双臂螺旋的形式表示银河的结构或许不止一种方法，但可以把 C. 伊斯顿的讨论作为一个例子，可以得到这种形状的一个极其详细的解释。他的假设和我们的假设在某个方面不同，这是因为他根据对天鹅座丰富的星系区域的观点，已经把太阳置于中央核心之外。

虽然螺旋的两条臂对于我们关联恒星运动很有意义，旋臂的形状——对数螺旋状，却始终未给出任何螺旋星云动力学的信息。尽管我们不理解个中究竟，但我们看到存在一个普遍的规律推动物质以此方式运行。

很显然，要么物质从螺旋分支流入核心，或者从核心流出到螺旋分支。目前我们不关心演变进行的方向，在任一情形下，在中央星团内旋臂合并点处都存在着相反方向的物质流，这些物质流必将继续穿过中心，原因是恒星互不干扰彼此的路径，这将在第十二章给出。在此，我们解释了沿特定直线往复流动的普遍性——该线正是螺旋分支开始的地方，双星流和双支链螺旋源于同样的原因。

参考文献

1. Newcomb，The Stars，p. 269.

2. Baston，Pivc. Amsterdam Acad. Sci.，Vol. 8，No. 3（1903）；Astr. Nach.，Nos. 3270，3803.

3. Knox Shaw，The Observatory，Vol. 37，p. 101.

4. W. Herschel，Collected Papers，Vol. 1，p. 164.

5. Hertzsprung，Astr. Nach.，No. 4600. See ako Newcomb"Contributions to Stellar Statistics，No. 1"（Garnegie Inst. Pub.，No. 10）.

6. Harv. Ann.，Vol. 56，No. 6；Newcomb，The Stars，p. 256.

7. Hertzsprung，Astr. Nach.，No. 4692.

8. Leavitt，Harvard Circular，No. 173.

9. Hinks，Monthly Notices，Vol. 71，p. 697.

10. V. d. Pahlen，Astr. Nach.，No. 4503.

11. Easton，Astrophysical Journal，Vol. 37，p. 105.

第十二章 恒星系统动力学

在观察的时段内，所感知到的恒星的运动是直线和均匀的。对双星情形，它们围绕彼此旋转，须有所保留，但根据现有的观点，这类双星或多星系统只能作为单颗恒星考虑。除此之外，我们没有直接的证据表明，一颗恒星影响另一颗恒星的运动。但我们不能怀疑的是，恒星宇宙在过往浩渺的时间里一直在演进，万有引力必定在塑造恒星的已有运动中发挥了作用，考虑近年来动力学方面的一些发现可能并非太早。

一颗恒星对另一颗恒星的作用，即使在最小法向恒星距离也极其微小。太阳对人马座 α 星的引力作用，一年下来所产生的速度改变也不过每小时 1 厘米。按照这一速度，将需要 3.8 亿年达到每秒 1 千米的速度。这么长的时间和我们认为的恒星的寿命相比并不过分，不足以让我们有权鄙视这种力量，不过这两颗星保持相邻的时间不会长于该时间的一小部分。虽然人马座 α 星目前正在靠近太阳，但很快又将开始分离，15 万年后距离将增加一倍。在相互作用速度达到 1 米/秒的几分之一之前，它将退回去脱离太阳的引力范围。

当我们考虑整个恒星系统对其成员的总吸引力时，情形将有所不同，不仅所受的力有所变大，而且力的作用效果累积的时间也会远远长于一个恒星作用于临时邻居的时间，总吸引力足以对恒星运动产生重要影响。

恒星在其中运动的力场是由于恒星的大量的点中心，引力的分布是不连续的，因此，我们把力分为两部分：①具有相同平均密度的理想连续介质的引力和如同恒星系统的相同的大规模密度变化；②邻近恒星的偶然的力，同样的区别出现在引力作用内部点的普通引力理论中。我们把第一部分称为系统的"总体引力"或"中心引力"，"中心"的说法也许不准确，因为没有真正的中心吸引力，除非该系统具有球对称性。第二部分力是一个偶然的特性，在不同时间将在不同方向产生作用，但并不能因此而不考虑它。

恒星们常常被拿来与气体分子相比，已经提出了将气体理论应用于恒星系统。气体动力学的基本特征是主要部分为分子碰撞所占据，如今很明显，即使存在恒星碰撞，也极其罕见，而且效果肯定不会像气体理论所提到的那种不造成损害的反弹。但是，众所周知，碰撞过程中相互作用的精确模式并不重要，而理论上所需要的一切都只是两颗恒星在它们中心线上发生动量交换，在这种普遍意义上，碰撞连续发生。一颗行星通过另一颗行星时总是涉及一些动量的互换，这个连续的转换是否可以像气体理论中动量的突然变化那样在恒星理论中起作用还有待考察。

从长远看将会产生同样的效果，相互吸引恒星系统的最终状态将和气体一样，速度最终法则也会与大量在其自身吸引作用下的非辐射单原子气体相同。此外，不同质量的恒星之间能量会均分，仿如它们是不同重量的原子。我们甚至可以走得更远，期待一个更加"终极"的状态，其中双星如同双原子分子。但是，没有必要去追求这些简化，因为它们对恒星宇宙的现状没有任何参考意义，或者在任何足够近的未来，对我们并无吸引力。

在第四章中看到，移动星簇的存在清晰表明，碰撞尚未对恒星运动产生任何明显影响。例如，在金牛座中，我们已经看到，它占据了一个大约5秒差距半径的球体，其中一般包含30颗恒星。因为不能假想一种特殊的轨道已经为该星簇清理出来，本来占据这一空间的恒星必然处于该处空间，从而渗透进该星群而不归属于星群。只要它们有任何影响，这些闯入者的引力将倾向于通过破坏运动的平行性而破坏并耗散星簇。如没有这样的破坏发生，则可以推断，迄今为止，偶然相遇对恒星速度没有明显的影响。金牛座的很多恒星都处于发展的成熟阶段，因此，这个推论可相应地应用到金牛座总体。

从理论方面考虑这一问题完全得到这个结论，我们首先考虑在给定情形下相遇所产生的偏转的数值。

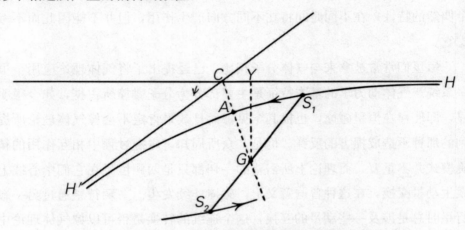

图 12.1　两颗恒星相遇时的偏转

令 S_1、S_2（图 12.1 所示）表示两颗恒星，质量分别为 m_1 和 m_2，G 是引力的共同中心。

由于

$$GS_1 = \frac{m_2}{m_1 + m_2} \cdot S_2 S_1$$

考虑 S_2 在 S_1 上的吸引力，我们可能会用质量为 m_2（$\frac{m_1}{m_2 + m_2}$）$^2 at G$ 的恒星取代恒星 S_2。把 G 放在一边，让行星 $S1$ 沿双曲线路径 HAH' 移动，初始速度为 V，令 CH、CH' 是双曲线的渐近线。

垂直于 CH 绘制 GY，则 GY 等于双曲线的横轴 b。

一般方程 $h^2 = \mu l$ 在这种情况下给出：

$$(V.GY)^2 = \mu \frac{b^2}{a}$$

因此：

$$a = \frac{\mu}{V^2}$$

偏转

$$180° - HCH'$$

由下式给出：

$$\tan \frac{1}{2} \varphi = \frac{a}{b} = bV\mu^2$$

或者，因为 φ 始终是一个小角度：$\varphi = \frac{2\mu}{bV^2}$

相遇时所产生的横向速度为：$V\varphi = \frac{2\mu}{bV}$

如果 U 是两颗星的初始相对速度，在没有偏转的情况下，最短路径的距离 σ 计算如下：

$$V = \frac{m_2}{m_1 + m_2} U$$

$$b = \frac{m_2}{m_1 + m_2} \sigma$$

而且：

$$\mu = \gamma m_2 \left(\frac{m_1}{m_1 + m_2} \right)^2$$

此处，γ 是万有引力常数，因此，得到的横向速度是：

$$\frac{2\gamma m^2}{U\sigma}$$

可以看到，该表达式不包含 $m1$，所以能量均分的倾向没有在式中表示出来，能量均分似乎是依赖于 $\varphi3$ 的影响，在上述分析中已被忽略。

产生明显偏转 φ 的恒星接近极其罕见，显然，当恒星分布密度已知时，能够计算这类事件发生的概率。确定恒星在很长一段时期内经历的无数次微乎其微碰撞的累积效应具有非常重要的意义，下面的讨论是基于 J. H. 琼斯的研究。

我们可以设定 σ_0 和 σ_1 两个限制，前者是产生很大偏差的激烈碰撞距离的上限。激烈碰撞将被视为另外条件，需要单独研究，后者是一个任选的下限，超过这一限制的靠近将不认为是碰撞。设 ν 为单位体积内的恒星数，平均自由程（由麦克斯韦定义）为：

$$\frac{1}{\sqrt{2\pi\upsilon\sigma_1}^2}$$

因此，在路径 L 长度内碰撞总数预计为：

$N = 2^{\frac{1}{4}}\pi\upsilon\sigma_1^2 L$

在任何碰撞中获得的横向速度是：

$$\frac{2\gamma m_2}{U\sigma}$$

因为碰撞会经常发生在与 S1 相遇的恒星中，因此平均相对速度 U 比恒星 S1 相对于恒星系统的速度 υ 稍大 。

平均值

$$1/\sigma = \int_0^\sigma \frac{1}{\sigma} 2\pi\sigma \, d\sigma \div \int_0^\sigma 2\pi\sigma d\sigma = 2/\sigma_1$$

因为每个碰撞都发生在一个偶然的方向，必须根据误差理论对横向速度的单独贡献进行复合，因此，N 个碰撞的可能结果正比于 N 。通常，可能结果的平方将是单个偏转的平方的加和，因此，我们应该使用均方值对不同种类的碰撞进行平均。

$1/\sigma$ 的均方值比 $2/\sigma$ 稍大，我们可以方便地认为其间的差异大致抵消了 U 与 υ 上的差异，可以写出经过 N 次碰撞后所得到的横向速度：

$$\frac{4\gamma m}{\upsilon\sigma_1}\sqrt{N}$$

所得到的偏转（以弧度为单位）为：

$$\frac{4\gamma m}{\sigma_1\upsilon^2}\sqrt{N}$$

代入 N 值时，偏转变为：

$$\frac{4\gamma m}{\upsilon^2} \times 2^{1/4}\pi^{1/2}\upsilon^{1/2}L^{1/2}$$

琼斯推断出如下计算结果，其中假设恒星分布密度为 1 秒差距半径球体内有 1 颗恒星，而恒星的平均质量是太阳系的 5 倍。这一密度比我们所认为的可能的大了一些，相应地，其结果可能对碰撞产生的扰动有所夸大。

琼斯发现，对于一般恒星，预计偏转 1° 可能要经过 32 亿年，此外，可以给出剧烈碰撞的少许"预测"。剧烈碰撞时，预计在 8×10^{11} 年期间偏转达到 2° 或以上的可能会出现一次，这些数字的含义可以通过一个确定的例子来说明。考虑一个移动星簇，其中所有的恒星都具有 40 千米/秒的等速平行运动，来考察一颗恒星，只要其运动方向不发散超过 2°，这颗恒星就被认为仍是主流的一员。1 亿年以后，只有八千分之一的恒星会在剧烈碰撞中消失，而其余部分将与主流呈一定角度，其平均值只有 10′。32 亿年后，损失将达到二百五十分之一，剩余恒星的平均角度为 1°；800 亿年后，由于激烈碰撞的损失将达到十分之一，剩余恒星的平均角度为 5°。最终星簇将消亡，但主要是由于逐渐散布而非剧烈碰撞。

不容忽视的是星簇自身具有一定的凝聚力，这可能会抵消它受到的散射力。在星簇中，恒星比空间的其余部分结合得更致密，对于那些倾向于偏离的恒星会施加引力作用。由于我们甚至无法粗略估计任何星簇中恒星的总数，所以无法确定这种力的大小，但一个简单的计算将保证它对保持星簇完整具有一定作用。以博斯星表的金牛座为例，它运行速度为每秒 40 千米，据称 32 亿年后将偏转 1°，这相当于 100 万年偏转 1′，此偏转相当于每百万年 0.012 秒差距的横向速度，很容易表明，在 N 百万年的可能的横向位移将为 $\dfrac{0.012 \times N^{3/2}}{\sqrt{3}}$ 秒差距。目前该星簇的恒星已经偏离平均位置约 3 秒差距，相应的 N 值是 57。假设目前的扩展全由碰撞引起，这种计算给出金牛座星群的年龄上限是 5700 万年。该结果依赖于琼斯所使用的相当高的恒星密度值，但如果密度更小，星座寿命仍然是难以解释得相当短。因此，很显然，碰撞的分散效果已经在很大程度上被抵消了，很可能的相反情形是星簇恒星之间的相互引力。

　　这种考虑不会破坏我们之前的论证，因为分散力是如此微小，所以星簇的凝聚力是唯一重要的。琼斯的计算直接用于独立的恒星，表明它实际上能够不受干扰地继续自身行程，而观察到的证据表明碰撞的效果如此之小，以致在移动星簇中微小的吸引力就足以抵消它。这些观测和理论证据似乎很确凿，我们可以毫不犹豫地把它作为恒星动力学的基础。气体分子动力学的表面类似完全不适用了，恒星动力学的基本原则如下：在恒星系统总体引力作用下，恒星的运行路径彼此互不干扰。

　　现在让我们尝试来估计总体引力的大小，或者一颗恒星运行轨道所需要的时间。如果该恒星系统不是球对称的，轨道一般不会形成封闭路径。但是对于我们的估计，则不需要周期时间的确切定义，我们想粗略地知道一颗恒星从恒星系统一侧到达另一侧，再返回需要多长时间。在密度均匀的球体内，所有恒星均同步围绕中心以椭圆轨道运行，而无论初始条件如何。周期仅取决于密度而与球体大小无关。根据关系式 $\rho - 12$ 可知，密度越大，周期越小。在椭圆系统中，恒星的分量运动沿主轴简谐运动，但具有不同的周期，在相同密度的球形系统中，周期将处于它们之间。因此，基于球状分布假设下简单地由密度计算周期会给出计算实际宇宙周期的总体思路。

　　我们估计半径为 5 个秒差距的球体内的恒星数为 30，由于这些恒星大多比太阳暗淡，我们取球体中恒星的质量仅为太阳的 10 倍。若如此有所低估的话，或许是过低估计了可能存在的暗星的数量，所得到的周期将是一个上限。对于所采用的密度，结果是 3 亿年，这比当前对于地球的固体地壳年龄的估计要小。因此，太阳和其他同等成熟的恒星自诞生以来至少具有一个、可能有很多轨道。[①] 我们应当思考恒星实际走过的轨道，而不是单纯的理论曲线。

　　预期动力学将会为许多问题带来曙光。为何在早期阶段恒星的速度非

---

① 　我们无法估计恒星系统的年龄，但在思考这些问题时或许可以在脑海里有 1010 年的数字概念也无妨。

常小？为何这些速度后来增加了？特别是，恒星如何获得与原始分布平面垂直的速度，从而导致最晚期的恒星形成近于球形的分布？如何解释双星流？第三个星流，漂移 O 又有何含义？能够解释部分符合麦克斯韦定律吗？是什么阻止了银河系的坍塌？

其中的一些问题在当前似乎很难解，确实，我们必须承认，有关恒星问题的动力学应用几乎没有取得进展，已经取得的成就毋宁说是准备工作性质的。事实已经表明，恒星动力学与空气动力学是不同的研究，事实上，也与已经研究的任何类型系统的理论都不同，常规的进展轨迹是刚体动力学、流体力学、气体动力学及恒星动力学。首先，所有的粒子以连续方式移动。其次，连续粒子的运动之间具有连续性。再次，相邻颗粒通过碰撞作用于彼此，这样，即便不存在数学连续性，也有一种物理连续性。最后，相邻颗粒是完全独立的。因此，不得不提出一种新型动力学系统，在尝试解决复杂的实际恒星宇宙问题之前，可能需要先在简单的情形下计算出结果并符合普遍化的性质，这已成为动力学其他分支发展的模式。

合乎情理的出发点是研究可能的稳态运动，应该理解，我们在这里所指的并非达到气体速度分布得最终的稳态，而是只要碰撞作用忽略不计维持稳定的状态。实际的恒星系统可能达到，也可能达不到这种状态，我们最好可以通过假设算出采用这一假设的结果来解决这个问题。

对于球形对称的系统，已经发现并研究了为数众多的稳态运动。迄今所发现的所有系统均未获得实际速度分布的合理近似。但在那些可以获得可能解的领域，这些失败已在相当程度上变小了。一种自制的动力学模型至少要具有恒星运动的主要特征，将在许多种研究中成为最有用和最有意义的辅助，继续寻找合适的系统非常有必要。

还有一个关于实际恒星系统的问题，即便在早期阶段也应该予以关注。H. H. 特纳提出了一个有趣的设想，对双星流给出了一个可能的解释，该问题是要解决恒星优选在一条特定的直线上来回运动。假设恒星在一条总体上非常长的轨道上移动，这有点像太阳系中彗星的轨道，那么恒星将优先沿径向而非横向运动。如果太阳与恒星系统中心的距离相当大，

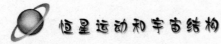

对于那些足够接近我们并显示出可感知的固有运动的恒星来说，连接恒星系统中心与太阳的线将成为运动的首选方向。即使太阳的偏心率并不很大，也会观测到对星流性质的影响。我们一直假定，天空不同部分的星流表观方向的收敛表明，真实星流方向是平行的，但真实方向的收敛同样是一个可能的解释。很有可能，优先运动可能会在一个有限的距离靠近或远离一个点，而非一条平行线。很难说此类假设是否在细节上令人满意，但至少没有明显的异议。

或许可能会问，为何恒星的轨道会很长？可能的原因是它们最初的速度非常小。我们必须假设，晚期恒星主要通过向系统中心掉落而获得它们的速度，而唯一合理的是优先选择径向。事实上，有时奇迹也会出现，即对可能预测到的径向运动占优只有如此之少的迹象，是否双星流令人困惑的现象恰是这种迹象？

其中最大的困难在于，如果运动以径向为主，大量恒星在中心附近的巨大拥堵似乎是不可避免的——巨大到超过我们可能接受的地步。迄今已经研究过的系统中，在中心没有过大的密度是不能获得足够的优先运动的，但我们不能确定总能如此。当然，也可以认为，在银河系的天鹅座或射手座恒星密集的地区是恒星系统真正拥挤的中心。

正如有时所假定的那样，不运动的恒星的诞生似乎并不存在很多困难，没有必要假设产生恒星的原始物质不受引力作用（虽然这种猜测本质上是可能的）。或许恒星是由空间某个部分的流星或气体物质形成的，现在，我们知道，如果我们把 1000 颗恒星堆积一处，它们的个体运动实际上将会被抵消，所得的超级恒星将近乎静止。类似地，在生成一颗恒星的过程中，在组成恒星的物质中通过引力产生的个体运动可能会被抵消，以致恒星会从静止开始。有趣的是，要注意，在此过程中，其他条件如 $N-1/2$ 不变时，假定各成分的速度是偶然的，含有 N 种成分的恒星的平均初始速度会有所不同，这可能会导致不同质量的恒星之间能量的均分，而质量正比于 N。但是，除非组分的数量非常小，否则速度将是巨大的，而这种观点似乎并非无懈可击。此外，很难看到运动星簇是如何形成的。①

下一阶段速度的增加是恒星系统中心引力的自然结果，如果恒星初始存在时没有运动，它就必定从中心开始，其轨道上的所有其他点的速度会更大。当恒星成熟到可以描述它的轨道的一个象限时，我们不能看到由这一原因所引起的速度的任何增加。换言之，速度的逐步增加会在最初的一亿年后停止，但我们几乎不能把 B 型至 M 型恒星的发展压缩到那个时期内。另一个困难是，中心引力所产生的运动主要位于银道面，但由晚期恒星并未获得关于垂直于该平面运动的任何解释，看起来不可能对这类银河系外的运动给出简单的解释。

只能假设 K 型和 M 型恒星比早期类型的恒星最初形成，更接近球状分布的形式。恒星的诞生有可能由于某种原因受阻于银道面，这也是为何早期类型的行星均在银道面附近。更可能的假设是，发展缓慢的质量巨大的恒星形成于恒星物质富集区，而快速发展的小型恒星形成于恒星物质缺乏区。因此，远离银河的恒星系统的边远地区孕育的小质量恒星迅速到达 M 型阶段，而这些从很远的距离降落的恒星获得了巨大的速度。在具有丰富的恒星生成所必须的物质供应的银道面地区已经形成了巨大的发展缓慢的恒星，这些恒星保持在银道面运动。概括起来，该假设看似相当合理，但只要 M 型恒星的双重特征的困难依然存在，我们就不能认为任何解释是完整的。

如果我们采用罗素的假设，上述设想也同样适用。他的观点是，只有质量最为巨大的恒星能够自行加热到 B 型和 A 型的高温特性，由此，这些类型的恒星只有在恒星生成物质丰富的地方才能形成，这就能够解释它们的星系浓度和低的速度。

银河系的平衡问题是另一个值得思考的问题，似乎有必要承认其处于某种平衡，亦即，单个恒星在 3 亿年期间不会在恒星系统中来回振荡，它们会在星簇中集聚，成为现在的状况。以已知的力所表示的唯一可能的解

① 此观点（与反对的话）是由 A. 舒斯特教授向我提的。

释是银河系作为一个整体在缓慢转动，这是 H. 庞加莱所考虑的一个条件。为获得旋转量级的一些概念，我们假设内部恒星系统的总质量为太阳质量的 109 倍，银河系的距离为 2000 秒差距，则平衡角速度为每世纪 0.5″每世纪。沙立耶已经发现，太阳系在银河系平面上的不变平面的节点具有每世纪 0.35″的直接运动，同样可以描述成银河系平面恒星逆向旋转的运动，该结果对于证明我们猜测的真实性有极大的局限。

通过简要地参考这个问题的动力学方面，我们结束了恒星系统的结构的研究。除了少数例外，所讨论的结果均形成于过去的 15 年间，但这是经过了一个世纪准备的劳动成果。现在所用的固有运动，基于可以追溯到布拉德利时期的观测结果，而得到现在所讨论的视差和固有运动结果的现代仪器分析方法的背后，无不体现了一个逐步发展的长期历史过程。恒星研究的进展绝不能由我们所能给出的少数确定的结论来衡量，未来这些劳动成果将更为全面。

同时，已取得的知识只是更清楚地显示仍存在大量的东西去学习，今日的困惑预示着未来的发现。如果我们依然把恒星宇宙作为一个暗藏秘密的所在，正如它所显示的样子，那么在我们的探索中我们已经能够瞥见一些庞大组合的轮廓，这些组合甚至把最为遥远的恒星连接成一个有组织的系统。

参考文献

1. Of. Poincare，Hypothhes Cosmogcniques，p. 257.

2. Jeans，Monthly Notices，Vol. 74，p. 109.

3. Eddington，Monthly Notices，Vol. 74，p. 5.

4. Turner，Monthly Notices，Vol. 72，pp. 387，474.

5. Cluirlier，Lund Meddelanden，Series 2，No. 9，p. 78.

6. Poincare，Hypothhes Gosmogoniques，p. 263.